Wissenschaftliche Reihe Fahrzeugtechnik Universität Stuttgart

Reihe herausgegeben von

Michael Bargende, Stuttgart, Deutschland

Hans-Christian Reuss, Stuttgart, Deutschland

Jochen Wiedemann, Stuttgart, Deutschland

Das Institut für Fahrzeugtechnik Stuttgart (IFS) an der Universität Stuttgart erforscht, entwickelt, appliziert und erprobt, in enger Zusammenarbeit mit der Industrie, Elemente bzw. Technologien aus dem Bereich moderner Fahrzeugkonzepte. Das Institut gliedert sich in die drei Bereiche Kraftfahrwesen, Fahrzeugantriebe und Kraftfahrzeug-Mechatronik. Aufgabe dieser Bereiche ist die Ausarbeitung des Themengebietes im Prüfstandsbetrieb, in Theorie und Simulation. Schwerpunkte des Kraftfahrwesens sind hierbei die Aerodynamik, Akustik (NVH), Fahrdynamik und Fahrermodellierung, Leichtbau, Sicherheit, Kraftübertragung sowie Energie und Thermomanagement – auch in Verbindung mit hybriden und batterieelektrischen Fahrzeugkonzepten. Der Bereich Fahrzeugantriebe widmet sich den Themen Brennverfahrensentwicklung einschließlich Regelungs- und Steuerungskonzeptionen bei zugleich minimierten Emissionen, komplexe Abgasnachbehandlung, Aufladesysteme und -strategien, Hybridsysteme und Betriebsstrategien sowie mechanisch-akustischen Fragestellungen. Themen der Kraftfahrzeug-Mechatronik sind die Antriebsstrangregelung/Hybride, Elektromobilität, Bordnetz und Energiemanagement, Funktions- und Softwareentwicklung sowie Test und Diagnose. Die Erfüllung dieser Aufgaben wird prüfstandsseitig neben vielem anderen unterstützt durch 19 Motorenprüfstände, zwei Rollenprüfstände, einen 1:1-Fahrsimulator, einen Antriebsstrangprüfstand, einen Thermowindkanal sowie einen 1:1-Aeroakustikwindkanal. Die wissenschaftliche Reihe „Fahrzeugtechnik Universität Stuttgart" präsentiert über die am Institut entstandenen Promotionen die hervorragenden Arbeitsergebnisse der Forschungstätigkeiten am IFS.

Reihe herausgegeben von
Prof. Dr.-Ing. Michael Bargende
Lehrstuhl Fahrzeugantriebe
Institut für Fahrzeugtechnik Stuttgart
Universität Stuttgart
Stuttgart, Deutschland

Prof. Dr.-Ing. Hans-Christian Reuss
Lehrstuhl Kraftfahrzeugmechatronik
Institut für Fahrzeugtechnik Stuttgart
Universität Stuttgart
Stuttgart, Deutschland

Prof. Dr.-Ing. Jochen Wiedemann
Lehrstuhl Kraftfahrwesen
Institut für Fahrzeugtechnik Stuttgart
Universität Stuttgart
Stuttgart, Deutschland

Weitere Bände in der Reihe http://www.springer.com/series/13535

Christopher Braunholz

Integration von Sensitivitätsanalysemethoden in den Entwicklungsprozess für Fahrwerkregelsysteme

Christopher Braunholz
IFS, Fakultät 7, Lehrstuhl für Kraftfahrwesen
Universität Stuttgart
Stuttgart, Deutschland

Zugl.: Dissertation Universität Stuttgart, 2020

D93

ISSN 2567-0042   ISSN 2567-0352   (electronic)
Wissenschaftliche Reihe Fahrzeugtechnik Universität Stuttgart
ISBN 978-3-658-33358-4   ISBN 978-3-658-33359-1   (eBook)
https://doi.org/10.1007/978-3-658-33359-1

Die Deutsche Nationalbibliothek verzeichnet diese Publikation in der Deutschen National-
bibliografie; detaillierte bibliografische Daten sind im Internet über http://dnb.d-nb.de abrufbar.

Springer Vieweg ist ein Imprint der eingetragenen Gesellschaft Springer Fachmedien Wiesbaden
GmbH und ist ein Teil von Springer Nature.
Die Anschrift der Gesellschaft ist: Abraham-Lincoln-Str. 46, 65189 Wiesbaden, Germany

Inhaltsverzeichnis

Abbildungsverzeichnis

Tabellenverzeichnis

Abkürzungsverzeichnis

Symbol	Beschreibung
(e)FAST	(extended) Fourier amplitude sensitivity testing
AF	Aktivfahrwerk
AFA	Aktivfahrwerksaktuatorik
AMV	Antriebsmomentenverteilung
DAL	Dynamik-Allradlenkung
DL	Dynamiklenkung
DoE	Design of experiments
EE	Elementareffekt
FF	factor fixing
FP	factor prioritization
HAL	Hinterachslenkung
HiL	Hardware-in-the-loop
HSD	Hinterachs-Sportdifferenzial
ISO	International Organization for Standardization
LHS	Latin hypercube sampling
MBSE	Model-based systems engineering

MiL   Model-in-the-loop

OEM   Original equipment manufacturer

PAWN   PAWN Methode

QMC   Quasi-Monte-Carlo

SiL   Software-in-the-loop

VBSA   Varianzbasierte Sensitivitätsanalyse

VDI   Verein Deutscher Ingenieure

Symbolverzeichnis

Symbol	Beschreibung	Einheit
	Lateinnische Buchstaben	
$A_0, A_1, A_2,$ A_3, A_4	Applikationen der Fahrwerkregelfunktionen und -systeme (vgl. 6.3)	
$A_{E,i}$	i-te Anforderung an die Entwicklungsumgebung	
$A_{S,i}$	i-te Anfoderung an die Sensitivitätsanalysemethode	
A	Matrix der Versuchsplanparameter	
a_{lat}	Horizontierte Querbeschleunigung	m/s^2
$A_{ges,i}$	i-te Gesamtanforderung	
$A_{P,i}$	i-te Anforderung an den Entwicklungsprozess	
B	Matrix der Versuchsplanparameter	
c_α	Reifenschräglaufsteifigkeit	Nm/rad
E	Erwartungswert	
f	Frequenz	Hz
$f_{0,AFA}$	Eigenkreisfrequenz d. Aktoren d. Aktivfahrwerks	Hz
$f_{0,DL}$	Eigenkreisfrequenz d. Aktors d. Überlagerungslenksystems	Hz
$f_{0,HAL}$	Eigenkreisfrequenz d. Aktors d. Hinterachslenksystems	Hz
$f_{0,\dot\psi}$	Giereigenfrequenz	Hz
F_1, F_2, F_3	Funktionen mit zugehörigen Systemen (vgl. 6.1)	

$f_1, f_2, f_3,$ f_4	Frequenzstützstellen eins (quasi-statisch) bis vier (dynamisch)	
f_I	Idealisierungsfunktion der Systemparameter	
f_V	Variationsfunktion der Funktions-/Systemparameter	
$F_{y,h}$	Reifenseitenkraft an der Hinterachse	N
$F_{y,v}$	Reifenseitenkraft an der Vorderachse	N
$G_1, G_2, G_3,$ G_4	Gesamtfahrzeuge (vgl. 6.2.1)	
$G(\Omega)$	Übertragungsfunktion	
g_X	Gütefunktional d. Eigenkreisfrequenzen d. Aktivfahrwerks u. Hinterachslenksystems	
g_Y	Gütefunktional d. Zielerreichung d. Fahrzeugeigenschaften	
I	Trägheitsmoment	
i	Zählvariable (Parameter)	
j	Zählvariable (Kennwerte)	
K	Proportionalfaktor	
$K_0, K_1, K_2,$ K_3, K_4, K_5	Konfigurationen der Fahrwerkregelfunktionen und -systeme (vgl. 6.2)	
l	Länge	m
M	Anzahl der Parameter	
M_z	Giermoment	Nm
N	Anzahl der Versuchsdurchführungen	
n	Zählvariable	
p	Zählvariable	
Q	Quantil	
R	Rankingindex	
r	Zählvariable	
S	System	

s	Zählvariable	
$S_{i,j}$	Sensitivitätsindex des Haupteffekts eines Parameters X_i auf den Kennwert Y_j	
S	Konvergenzindex	
$S_{\mathrm{T},i,j}$	Sensitivitätsindex des Totaleffekts eines Parameters X_i auf den Kennwert Y_j	
T	Phasenverzugszeit	s
t	Zeit	s
u	Zählvariable	
V	Varianz	
v	Fahrzeuglängsgeschwindigkeit	m/s
$\mathbf{X}$	Parameterraum	
X	Parameter	
x_{Fzg}	Längsachse im Fahrzeugkoordinatensystem	
X_{F}	Funktionsparameter	
X_{G}	Gesamtfahrzeugparameter	
X_{S}	Systemparameter	
$\mathbf{Y}$	Vektor der Objektivkennwerte	
Y	Objektivkennwert	
y_{Fzg}	Querachse im Fahrzeugkoordinatensystem	
$\mathbf{y}_{\mathrm{F}}$	Modellausgangsgrößen Funktion	
$\mathbf{y}_{\mathrm{G}}$	Modellausgangsgrößen Gesamtfahrzeug	
$\mathbf{y}_{\mathrm{S}}$	Modellausgangsgrößen System	
$\mathbf{y}$	Vektor der Modellausgangsgröße	
y	Modellausgangsgröße	
$\mathbf{Y}_{\mathrm{F}}$	Objektivkennwerte Funktion	
$\mathbf{Y}_{\mathrm{F}^*}$	spezifizierte Objektivkennwerte Funktion	
$\mathbf{Y}_{\mathrm{G}}$	Objektivkennwerte Gesamtfahrzeug	

$\mathbf{Y}_{G^*}$	spezifizierte Objektivkennwerte Gesamtfahrzeug	
$\mathbf{Y}_S$	Objektivkennwerte System	
$\mathbf{Y}_{S^*}$	spezifizierte Objektivkennwerte System	
Z	Ziel	
z_{Fzg}	Hochachse im Fahrzeugkoordinatensystem	
$\mathbf{z}_s$	Vektor der Straßenanregung	

Griechische Buchstaben

α_h	Schräglaufwinkel an der Hinterachse	°
α_v	Schräglaufwinkel an der Vorderachse	°
β_h	Schwimmwinkel an der Hinterachse	°
β	Schwimmwinkel im Fahrzeugschwerpunkts	°
δ_h	Radlenkwinkel an der Hinterachse	°
$\delta_{h,HAL,ist}$	Ist-Radlenkwinkel des Hinterachslenksystems an der Hinterachse	°
$\delta_{h,HAL,soll}$	Soll-Radlenkwinkel des Hinterachslenksystems an der Hinterachse	°
δ_L	Lenkradwinkel	°
δ_v	Radlenkwinkel an der Vorderachse	°
$\delta_{v,DL,ist}$	Ist-Radlenkwinkel der Dynamiklenkung an der Vorderachse	°
$\delta_{v,DL,soll}$	Soll-Radlenkwinkel der Dynamiklenkung an der Vorderachse	°
λ	Skalierungsfaktor	
μ	Mittelwert	
Ω	Anregungsfrequenz	Hz
φ	Wankwinkel	°
ψ	Gierwinkel	°

$\dot{\psi}$	Gierrate	°/s
ρ	Gewichtete Rankingabweichung	
σ	Standardabweichung	
θ	Nickwinkel	°

Indizes

f_1, f_2, f_3, f_4	Frequenzstützstellen eins (quasi-statisch) bis vier (dynamisch)
i	Zählvariable (Parameter)
j	Zählvariable (Kennwerte)
DL	Dynamiklenkung
E	Entwicklungsumgebung
F	Funktion
G	Gesamtfahrzeug
ges	gesamt
gr	Grenzbereich
h	Hinterachse
HAL	Hinterachslenksystem
indices	Indizes
ist	Ist-Wert
L	Lenkrad
lat	lateral
lb	lower bound
lin	Linearbereich
max	Maximalwert
P	Prozess
p	proportional
progr	Progression

ranking	Ranking
ref	Referenz
S	System
screening	Screening, Parametersichtung
T	Totaleffekt
tot	total
ub	upper bound
v	Vorderachse

Abstract

The underlying research analyses the development of modern passenger cars. Recent vehicle trends increased vehicle variety and complexity whereas a more competitive market demands for shorter development cycles. In the work it is shown how a consistent integration of virtual methods into the vehicle design process partially dissolves this conflict.

The focus is put on the vehicle chassis. The car manufacturer raised its complexity with on-going integration of chassis control systems. These include control logics and actuators that affect the vehicle handling. Thus, the research field of the development process and the development methods of mechatronic systems are to be explored in chapter 2. It is revealed that sufficient development methods of mechatronic systems are available. Further, there is existing work on the virtual analysis within the development process of conventional vehicle chassis. The simulation and characterisation of chassis control systems is mostly constrained to indivdiual analyses of control functions or systems. A consistent integration into the development process is open.

The input into the development process for chassis control systems is provided by predefined targets for the vehicle dynamics characteristics. The aim is to identify a chassis control system configuration that meets these targets. This configuration shall be designed and specified. The design process targets an efficient and systematic approach so that it is suitable for any vehicle variants and control system configurations. This offers a perspective with regard to process automation. The chapter 3 presents an update of the existing development process for chassis control systems. The vehicle characteristics are linked to the function and system parameters by means of virtual development methods. During the application in the design branch of the V-model, this procedure allows a systematic determination of a control function configuration, a design of the same and a derivation of the corresponding requirements. The continuous application of these methods allows a verification of the defined vehicle characteristics targets in the integration branch of the V-model. Furthermore, this allows a determination of the control function's base parameter set to support the final application in the vehicle.

The analysis of interconnected functions requires the investigation of the interaction effects. This is accompanied by the need to understand the interrelationships of parameters and properties on the vehicle, function and system levels. Chapter 3 compares suitable methods for this linkage. The defined requirements are best met by a sensitivity analysis. In the process update presented here, these methods are used throughout for linking the vehicle, function and system levels. This consistency is achievable with the virtual development environment worked out in chapter 4. The modular structure of the environment allows an evaluation of existing function software and system models as well as of conceptual functions and models. Furthermore, the structure will provide a connection to technology and model databases in the future. Consequently, the model quality can grow with the development progress. A structured, iterative validation process proofs the validity of the updated models.

The analysis of the models is performed with the two-step sensitivity analysis method developed in chapter 5. This method allows the assessment of intermediate results of the sensitivity indices. The convergence and consequently the trustworthiness of the results can be measured using the presented bootstrapping-based criteria. The sensitivities of the individual parameters are compared in an application map with the characteristics to be analyzed. This visualisation reveals the interaction effects and target conflicts of different manoeuvres or operating points. After sorting the influences, an application sequence can be derived. Furthermore, the independent adjustability of the vehicle characteristics can be evaluated with the help of the control function parameters and the system potential can be determined.

The resulting updated development process is validated by a renewed development of the chassis control system configuration of an existing vehicle in chapter 6. The configuration, design and application of the chassis control functions and systems of a series-produced luxury sedan are retrospectively validated for this purpose. The systematic control function selection requires a parameter variation of each control function. A sensitivity analysis must then be performed for the selected configuration. Based on the results, the systems are dimensioned and the control functions are iteratively parametrized. The targeted driving characteristics are achieved for the two exemplary analysed manoeuvres. Furthermore, a robustness analysis shows the extent to which the vehicle characteristics targets are achievable by varying other parameters of the basic vehicle. Consequently, the method allows a generalisation of the design to a parameter space and breaks the limitation to the parameter combinations considered in the driving test. This means that the determined control function parameter set can be systematically tested for different wheel, tire, spring, damper and load variations, for example.

The interaction with the developer required in the design process generates conservable system understanding. At the same time, it unveils that this iterative but manual approach also limits the controllable complexity. Here, in addition to the system restriction, further partial steps are to be automated in the future. This will enable a further increase in the requirements to be taken into account, so that, for example, driving comfort objectives are also to be included. A complete transfer of the function application to an optimisation algorithm is conceivable but eliminates the continuous knowledge build-up through interactive, virtual support of the development project. This generated knowledge on the other hand enables efficient problem solving in the series development phase.

The presented design process requires about 100 000 model evaluations for one configuration with three variations of the control function parameters to be analysed. Considering a cumulated model computing time for the two manoeuvres of 120 s and a parallelisation with 24 instances, the total computing time sums up to 5,8 days for a single vehicle. Especially for the analysis of further manoeuvres, configurations and control functions, this still offers significant potential regarding the process duration. This potential is caused by the significant model computing time, which can be reduced by an order of magnitude by means of model compilation. In addition, the degree of parallelisation can be scaled up by the of distribution in a public cloud. Furthermore, knowledge about the interaction effects between the vehicle, control functions and system models is built up during each analysis. In the future, a successful preservation of this knowledge will allow a configuration selection based on known interrelationships, so that an expensive sensitivity analysis can be avoided. This future knowledge preservation is indispensable for increasing process efficiency for known configurations.

Finally, the application to three further vehicles of a fictitious vehicle platform demonstrates the potential of a structured, virtual analysis. Once again, the iterative approach achieves all property goals for the selected manoeuvres. The design process reveals the conflicting objectives of the vehicle properties. Unresolvable conflicts, which often occur in the series development phase, can be resolved in the early phase by a control function modification or adapted system specifications. Control function and system requirements are derived in a structured manner and transformed into model-based specifications. The virtual analysis enables a holistic view of the vehicle platform. The number of variants of control function and system configurations within the platform can be minimised. It is exemplarily shown to what extent an actuator performance class can meet the requirements of different vehicle derivatives and what compromises may have to be made. Furthermore, the vehicle parameter variation enables a robustness analysis of the determined configurations and applications in different operating points. This transparency is not given in conventional development. Therefore, this work represents the next step for the complete development of chassis control functions and systems using a digital twin of the complete vehicle.

Kurzfassung

Diese Arbeit untersucht die Entwicklung moderner Kraftfahrzeuge. Die zugrundeliegende Motivation resultiert aus dem Zielkonflikt einer steigenden Fahrzeugvarianz und -komplexität und gleichzeitig angestrebten, kürzeren Fahrzeugentwicklungszyklen. Es wird aufgezeigt, inwieweit die Integration virtueller Entwicklungsmethoden in den Entwicklungsprozess diesen Konflikt teilweise auflöst.

Die Analyse wird auf das Fahrwerk eingeschränkt. Das konventionelle Fahrwerk verfügt über eine steigende Anzahl mechatronischer Fahrwerkregelsysteme, die situationsabhängig das Fahrverhalten beeinflussen. Es sind folglich die Themengebiete des Entwicklungsprozesses und der Entwicklungsmethoden dieser mechatronischen Systeme zu analysieren. Eine Sichtung des Forschungsstandes in Kapitel 2 zeigt hinreichenden Fortschritt auf den Gebieten der Entwicklungsmethoden mechatronischer Systeme und der virtuellen Analyse konventioneller Fahrwerke im Rahmen des Entwicklungsprozesses. Die Simulation und Objektivierung von Fahrwerkregelsystemen hingegen, ist zum Großteil auf die isolierte Betrachtung einzelner Funktionen oder Systeme beschränkt. Eine durchgängige Anwendung im Entwicklungsprozess fehlt.

Den Eingang in den Entwicklungsprozess für Fahrwerkregelsysteme stellen vordefinierte Eigenschaftsziele auf Fahrzeugebene dar. Ziel ist es, eine Fahrwerkregelsystemkonfiguration zu identifizieren, die diese Eigenschaftsziele erfüllt. Diese Konfiguration ist auszulegen. Der Auslegungsprozess soll dabei effizient und systematisch erfolgen, so dass er sich für beliebige Fahrzeugvarianten und Regelsystemkonfigurationen eignet sowie eine Perspektive im Hinblick auf eine Prozessautomatisierung bietet. Das Kapitel 3 stellt die Aktualisierung des bestehenden Entwicklungsprozess für Fahrwerkregelsysteme vor. Die Fahrzeugeigenschaften werden mithilfe von virtuellen Entwicklungsmethoden mit den Funktions- und Systemparametern verknüpft. Während der Anwendung in der Auslegungsphase des V-Modells erlaubt diese Vorgehensweise eine systematische Ermittlung einer Funktionskonfiguration, eine Auslegung derselbigen und eine Ableitung der Funktions- und Systemanforderungen. Die durchgängige Anwendung dieser Methoden ermöglicht in der Integrationsphase des V-Modells eine Verifizierung der definierten Fahrzeugeigenschaftsziele. Weiterhin ist eine Bestimmung der Funktionsapplikation zur Unterstützung der abschließenden Applikation im Fahrzeug durchführbar.

Für diese Vorgehensweise ist eine Analyse der vernetzten Funktionen hinsichtlich ihrer Wechselwirkungseffekte erforderlich. Damit geht die Notwendigkeit des Verständnisses der Zusammenhänge von Parametern und Eigenschaften auf der Fahrzeug-, Funktions- und Systemebene einher. Im Kapitel 3 sind für diese Verknüpfung geeignete Methoden gegenübergestellt. Die definierten Anforderungen werden von Sensitivitätsanalysemethoden bestmöglich erfüllt. Diese finden in der vorgestellten Prozessaktualisierung für eine Verknüpfung der Fahrzeug-, Funktions- und Systemebene durch alle Entwicklungsphasen hindurch wiederholt Anwendung. Diese Durchgängigkeit ist mit der in Kapitel 4 erarbeiteten virtuellen Entwicklungsumgebung erreichbar. Der modulare Aufbau der Umgebung ermöglicht sowohl eine Bewertung bestehender Funktionssoftware und Systemmodelle als auch von Konzeptfunktionen und -modellen. Zudem erlaubt die Struktur zukünftig eine Anbindung zentraler Technologie- und Modelldatenbanken. Die Modellgüte wächst durch diese Verknüpfung mit dem Entwicklungsfortschritt. Ein strukturierter, iterativer Validierungsprozess prüft dafür die Aussagefähigkeit der aktualisierten Modelle.

Die Analyse der Modelle erfolgt mit der in Kapitel 5 erarbeiteten zweistufigen Sensitivitätsanalysemethode. Die Methode ermöglicht die Analyse von Zwischenergebnissen der Sensitivitätsindizes. Die Konvergenz und folglich die Vertrauenswürdigkeit der Ergebnisse ist anhand der vorgestellten bootstrapping-basierten Kriterien messbar. Die Sensitivitäten der einzelnen Parameter sind in einer Applikationslandkarte mit den zu analysierenden Eigenschaften gegenübergestellt. Diese Visualisierung zeigt die Wechselwirkungseffekte und Zielkonflikte verschiedener Manöver oder Betriebspunkte unmittelbar auf. Nach Sortierung der Einflüsse ist eine Applikationsreihenfolge ableitbar. Weiterhin ist die unabhängige Einstellbarkeit der Fahrzeugeigenschaften mithilfe der Funktionsparameter bewertbar sowie das Systempotenzial ermittelbar.

Der resultierende, aktualisierte Entwicklungsprozess wird anhand einer erneuten Entwicklung der Fahrwerkregelsystemkonfiguration eines bestehenden

Fahrzeuges in Kapitel 6 validiert. Die Konfiguration, Auslegung und Applikation der Fahrwerkregelfunktionen und -systeme einer in Serie befindliche
Oberklasselimousine ist dafür retrospektiv überprüft worden. Die strukturierte
Funktionsauswahl erfordert eine Parametervariation jeder Funktion. Anschließend ist für die gewählte Konfiguration eine Sensitivitätsanalyse durchzuführen. Basierend auf den Ergebnissen werden die Systeme dimensioniert und
die Funktionen iterativ appliziert. Die angestrebten Fahreigenschaften sind für
zwei exemplarische Manöver erreicht. Weiterhin zeigt eine Robustheitsanalyse,
inwieweit die Fahrzeugeigenschaftsziele auch unter Variation weiterer Parameter des Grundfahrzeuges erreichbar sind. Die Methode ermöglicht folglich eine
Generalisierung der Auslegung auf einen Parameterraum. Die Einschränkung
auf die im Fahrversuch betrachteten Parameterkombinationen wird aufgebro-
chen. Dies bedeutet, dass die ermittelte Funktionsapplikation beispielsweise
systematisch für verschiedene Räder-, Reifen, Feder-, Dämpfer- und Beladungsvariationen überprüfbar ist.

Die im Rahmen der Auslegung erforderliche Interaktion mit dem Entwickler generiert konservierbares Systemverständnis. Zugleich wird deutlich, dass
diese iterative, aber manuelle Vorgehensweise auch die beherrschbare Komplexität einschränkt. Hier sind neben der Systemeinschränkung weitere Teilschritte
zukünftig zu automatisieren. Dies ermöglicht eine weitere Steigerung der zu
berücksichtigenden Anforderungen, sodass beispielsweise auch Fahrkomfortziele mit einbeziehbar sind. Eine vollständige Übergabe der Funktionsapplikation an einen Optimierungsalgorithmus ist denkbar, eliminiert jedoch den
kontinuierlichen Wissensaufbau durch die interaktive, virtuelle Begleitung des
Entwicklungsprojektes. Dieses generierte Wissen ermöglicht wiederum eine
effiziente Problemlösung in der Serienentwicklungsphase.

Die iterative Auslegung erfordert aufgrund der Parametervariationen für drei
Variationen der Funktionsparameter und eine zu analysierende Konfiguration
circa 100 000 Modellevaluationen. Für die kumulierte Modellrechenzeit der
zwei Manöver von 120 s resultiert bei einer Parallelisierung (24 Instanzen) eine Gesamtrechenzeit in Höhe von 5,8 Tagen für ein einzelnes, betrachtetes
Fahrzeug. Insbesondere für die Analyse weiterer Manöver, Konfigurationen
und Funktionen bietet dies noch signifikantes Potenzial hinsichtlich der Pro-
zessdauer. Dieses Potenzial gliedert sich zum einen in die Modellrechenzeit,

welche mithilfe einer Modellkompilation um eine Größenordnung zu verringern ist. Des Weiteren ist der Parallelisierungsgrad mithilfe der Distribution in eine öffentliche Cloud beliebig skalierbar. Weiterhin wird allerdings bei jeder Analyse Wissen über die Wechselwirkungseffekte zwischen Fahrzeug, Regelfunktionen und Systemmodellen aufgebaut. Eine erfolgreiche Konservierung dieses Wissens ermöglicht zukünftig eine Funktionsauswahl basierend auf bekannten Zusammenhängen, sodass eine Sensitivitätsanalyse vermeidbar ist. Diese zukünftige Wissenskonservierung ist unabdingbar für eine Steigerung der Prozesseffizienz.

Zuletzt zeigt die Anwendung auf drei weitere Fahrzeuge einer fiktiven Fahrzeugplattform das Potenzial der strukturierten, virtuellen Analyse auf. Mit der iterativen Vorgehensweise sind alle Eigenschaftsziele für die ausgewählten Manöver erreicht worden. Der Auslegungsprozess offenbart die Zielkonflikte der Fahrzeugeigenschaften. Nicht lösbare Konflikte, die bis dato häufig in der Serienentwicklungsphase auftreten, sind in der frühen Phase durch Funktionsmodifikation oder angepasste Systemspezifikationen auszuräumen. Die Funktions- und Systemanforderungen sind strukturiert ableitbar und in modellbasierte Spezifikationen überführbar. Die virtuelle Analyse ermöglicht eine ganzheitliche Betrachtung der Fahrzeugplattform, sodass die Variantenvielfalt von Funktions- und Systemkonfigurationen innerhalb der Plattform minimierbar sind. Es wird gezeigt, inwiefern eine Motorleistungsklasse die Anforderungen verschiedener Fahrzeugderivate erfüllt und welche Kompromisse gegebenenfalls einzugehen sind. Weiterhin ermöglicht eine Fahrzeugparametervariation eine Robustheitsanalyse der ermittelten Konfigurationen und Applikationen in verschiedenen Arbeitspunkten. Diese Transparenz ist in der konventionellen Entwicklung nicht gegeben. Die Arbeit stellt folglich einen nächsten Schritt für die vollständige Entwicklung von Fahrwerkregelfunktionen und -systemen mithilfe eines digitalen Zwillings des Gesamtfahrzeuges dar.

1 Einleitung

Diese Dissertationsschrift untersucht das Fahrwerk moderner Kraftfahrzeuge. Der Fokus wird dabei auf die Entwicklungsmethoden für die in das Fahrwerk integrierten Fahrwerkregelsysteme gelegt. Im Folgenden sind die Motivation für die Notwendigkeit einer Analyse, Erweiterung und Neudefinition des Entwicklungsprozesses der Fahrwerkregelsysteme, die Zielsetzung der Arbeit sowie die Struktur der Dissertation dargelegt.

1.1 Motivation

Die betrachteten Fahrzeuge und Fahrzeugkonzepte verfügen über integrierte mechanisch-elektronische Systeme. Diese Systeme kombinieren Bestandteile der Mechanik, der Elektronik und der Informationsverarbeitung und werden als mechatronische Systeme bezeichnet [43]. Im Kontext des Fahrwerkes umfassen sie sogenannte Fahrwerkregelfunktionen und -systeme, die situationsabhängig Kräfte und Momente stellen. Beispiele dafür sind ein Hinterachslenksystem und aktive Stabilisatoren. Die Auslegung und Abstimmung solcher Funktionen und Systeme ist Teil der Fahrzeugentwicklung und Untersuchungsgegenstand dieser Arbeit.

Vergangene Fortschritte im Bereich der Entwicklung und Großserienfertigung von mechatronischen Systemen führen zu einer zunehmenden Integration dieser Systeme im Fahrwerk von Kraftfahrzeugen [42]. Nach heutigem Stand der Technik ergänzen diese Systeme das konventionelle Fahrwerk. Mithilfe der situationsabhängigen Einsetzbarkeit werden zusätzliche Funktionen dargestellt und Zielkonflikte des konventionellen Fahrwerkes teilweise oder vollständig aufgelöst. Folglich existieren Wechselwirkungen der mechatronischen Systeme untereinander sowie mit dem konventionellen Fahrwerk. Diese Interaktionen sind im Rahmen des gesamten Entwicklungsprozesses zu berücksichtigen. Der bisherige Fahrwerkentwicklungsprozess ist aus diesem Grund zu erweitern.

© Der/die Autor(en), exklusiv lizenziert durch
Springer Fachmedien Wiesbaden GmbH, ein Teil von Springer Nature 2021
C. Braunholz, *Integration von Sensitivitätsanalysemethoden in den Entwicklungsprozess für Fahrwerkregelsysteme*, Wissenschaftliche Reihe Fahrzeugtechnik Universität Stuttgart, https://doi.org/10.1007/978-3-658-33359-1_1

Ein aktualisierter Fahrwerkentwicklungsprozess berücksichtigt die Ableitung von Anforderungen an konventionelle und mechatronische Fahrwerkfunktionen und -systeme basierend auf Gesamtfahrzeugeigenschaftsanforderungen. Die Ermittlung einer eigenschaften- und kostenoptimalen Konfiguration wird durch den erweiterten Lösungsraum der zusätzlichen Fahrwerkregelfunktionen erschwert. Des Weiteren resultiert aus den hinzugekommenen Wechselwirkungen ein erhöhter Aufwand während der Fahrwerksabstimmung in der Integrationsphase.

Diese Erhöhung der Fahrwerkskomplexität und -varianz übersteigt das Potenzial herkömmlicher Entwicklungsmethoden und steht im Kontrast zu dem Ziel fortschreitend kürzerer Entwicklungszyklen. Es gilt folglich, den Fahrwerksentwicklungsprozess zu analysieren und Handlungsempfehlungen für eine Modernisierung im Sinne einer Qualitäts- sowie Effizienzsteigerung zu ermitteln. An dieser Stelle ist das Potenzial von digitalen (auch: virtuellen) Entwicklungsmethoden zu überprüfen. Diese Methoden sind für die Entwicklung von konventionellen Fahrwerken etabliert und zeigen eine Effizienzsteigerung hinsichtlich des Entwicklungsaufwandes auf. Eine durchgängige Integration dieser Methoden für Fahrwerke, die zusätzlich über mechatronische Systeme verfügen, ist ausstehend. Dieses Potenzial ist zu bewerten.

Eine virtuelle Abbildung und Verknüpfung der Fahrwerkregelsysteme mit einem geeigneten Fahrzeugmodell ist anzustreben. Diese Abbildung wird im Weiteren Simulationsumgebung genannt. Sie bildet die notwendige Basis für eine Durchgängigkeit der virtuellen Entwicklung zur Unterstützung des gesamten Fahrwerkentwicklungsprozesses. Diese Simulationsumgebung erfordert eine Modellbildung der Achskinematik und -elastokinematik sowie der Reifen. Die Berücksichtigung der Fahrwerkregelfunktionen bedingt eine modulare Integration der zugehörigen Softwarekomponenten in allen Entwicklungsphasen. Weiterhin sind die Abbildungen der Fahrwerksysteme mithilfe geeigneter Modelle vorzusehen. Die resultierende Simulationsumgebung verfügt folglich über eine gesteigerte Komplexität und einen erhöhten Vernetzungsgrad mit anderen Entwicklungsabteilungen. Da die Entwicklung dieser Umgebung, wie aufgezeigt, die Grundlage für die Unterstützung des Entwicklungsprozesses sowie die virtuelle Analyse des betrachteten Fahrwerkes ist, stellt sie einen Hauptbestandteil dieser Arbeit dar.

Weiterhin sind Methoden zur Verknüpfung der Ebenen Fahrzeug, Funktion und System innerhalb des Entwicklungsprozesses notwendig. Dafür sind sowohl in der Entwurfs- als auch in der Integrationsphase Wirkketten und Wechselwirkungen zu analysieren. Diese können bisher frühestens mit einem Fahrzeugprototypen untersucht werden. Klassisch werden Wechselwirkungen beispielsweise mit Methoden der statistischen Versuchsplanung untersucht. Diese Methoden sind in anderen Forschungsgebieten etabliert und ein effektiver Einsatz im Anwendungsfall ist zu überprüfen.

Zusammenfassend liegt die Motivation dieser Arbeit in der Ermöglichung der vollständigen, virtuellen Entwicklung des modernen Fahrwerkes. Dafür ist der bestehende Fahrwerkentwicklungsprozess zu aktualisieren, eine durchgängig anwendbare Simulationsumgebung zu entwickeln und es sind geeignete Untersuchungsmethoden zu identifizieren.

1.2 Zielsetzung

Aufbauend auf der dargelegten Motivation sind die Ziele Z_1 bis Z_6 dieser Arbeit abzuleiten. Diese sind in Tabelle 1.1 zusammengefasst. Das Ziel Z_1 definiert die Basis der Arbeit, der Entwurf und die Umsetzung einer virtuellen Entwicklungsumgebung, die durchgängig durch die Entwicklungsphasen Anwendung finden kann. Die Ziele Z_2 bis Z_5 beschreiben Entwicklungsmethoden, die für eine virtuelle Analyse und Entwicklung der Fahrwerkregelsysteme notwendig sind. Abschließend ist mit dem Ziel Z_6 definiert, dass die Entwicklungsumgebung und alle entwickelten Methoden in einer Aktualisierung des Entwicklungsprozesses für Fahrwerkregelsysteme integriert werden müssen.

Basierend auf dem Stand der Forschung ist das Potenzial zur angestrebten Qualitäts- und Effizienzsteigerung der virtuellen Entwicklung zu identifizieren. Dafür wird der Fokus auf die Unterstützung der virtuellen Fahrwerksentwicklung gelegt. Bestehende Simulationsumgebungen für das konventionelle Fahrwerk sind durch die Integration von Bestandteilen der Fahrwerkregelsysteme zu

Tabelle 1.1: Zusammenfassung der Ziele der Arbeit.

Ziel	Beschreibung
Z_1	Entwurf und Umsetzung einer virtuellen Entwicklungsumgebung zur durchgängigen Unterstützung der Fahrwerkregelsystementwicklung
Z_2	Entwicklung einer Methode zur Analyse bestehender Funktionen und Systeme sowie der Erfassung von Wechselwirkungen.
Z_3	Entwicklung einer Methode zur Verknüpfung der Entwicklungsebenen in der Auslegungsphase zur strukturierten Ableitung von Funktionskonfigurationen sowie der Ermittlung von Funktions- und Systemspezifikationen.
Z_4	Entwicklung einer Methode zur virtuellen Basis-Applikation der Funktionen zielgerichtet auf Fahrzeugeigenschaftsziele.
Z_5	Entwicklung einer Methode zur Bewertung der Robustheit der Funktionsapplikationen sowie der System- und Funktionsspezifikationen.
Z_6	Zusammenfassung der entwickelten Methoden und Teilprozesse in einer Aktualisierung des Entwicklungsprozesses für Fahrwerkregelsysteme.

erweitern. Das Ziel ist der Entwurf und die Umsetzung einer virtuellen Entwicklungsumgebung, die durchgängig durch die Entwicklungsphasen Anwendung finden kann (vgl. Ziel Z_1).

Ein Fahrwerkregelsystem ist in Soft- und Hardware zu trennen. Erstere ist mithilfe von informationstechnischen Methoden automatisiert und somit prozesssicher zu integrieren. Die Hardwarebestandteile, wie zum Beispiel Aktoren, sind in geeignete Modelle zu überführen und ebenfalls einzubin-den. Für die Analyse beider Bestandteile hinsichtlich der Wechselwirkungen in der Einflusskette System-Funktion-Fahrzeug ist eine geeignete Methode zu entwickeln (Z_2).

Aus einer Vielzahl möglicher und integrierter Konfigurationen der Fahrwerkregelsysteme ist im Rahmen der Auslegung die für das jeweilige Fahrzeug bestmögliche Konfiguration abzuleiten. Im Fokus stehen dabei die definierten und zu erreichenden Fahrzeugeigenschaften. Sowohl für die Software als auch für die Hardware sind abschließend Spezifikationen abzuleiten und entsprechende Methoden zu entwerfen (vgl. Ziel Z_3).

Im Rahmen der Auslegung, aber insbesondere zur Unterstützung des Fahrversuches in der Fahrzeugintegrationsphase ist eine virtuelle Applikation der Fahrwerkregelfunktionen zu ermöglichen (vgl. Ziel Z_4). Die Vielzahl der Parameter der ausgewählten Funktionen sind dabei hinsichtlich ihrer Einflüsse auf die Fahrzeugeigenschaften zu überprüfen. Ziel ist eine virtuelle Vorabapplikation, sodass im Fahrversuch lediglich die Feinjustage erfolgen muss.

Diese virtuelle Applikation ist zusätzlich auf ihre Robustheit hinsichtlich einer Fahrzeugvarianz zu überprüfen (vgl. Ziel Z_5). Konkret bedeutet dies, dass beispielsweise Reifen- und Beladungsvariationen durchgeführt werden. Es ist dann zu bewerten, inwiefern diese Variationen die mit der Applikation erreichent Fahrzeugeigenschaften signifikant beeinflussen.

Die entwickelten Methoden sind zusammen mit der virtuellen Entwicklungsumgebung in den Entwicklungsprozess für Fahrwerkregelsysteme zu integrieren. Dafür ist eine Aktualisierung des Prozesses zu entwerfen (vgl. Ziel Z_6).

1.3 Begriffsdefinitionen

Diese Arbeit fokussiert die virtuelle Analyse von Fahrzeugmodellen. Die in diesem Rahmen verwendeten Begrifflichkeiten sind im Folgenden anhand der in Abbildung 1.1 dargestellten Modellstruktur einzuführen.

Simulation Die Analyse dieser Struktur erfolgt basierend auf Simulationen des Modells. Die Simulation beschreibt dabei nach VDI-3633 [92] ein „Verfahren zur Nachbildung eines Systems mit seinen dynamischen Prozessen in einem experimentierbaren Modell, um zu Erkenntnissen zu gelangen, die auf die Wirklichkeit übertragbar sind."

System Im Allgemeinen umfasst ein System gemäß VDI-4465 „eine von ihrer Umwelt abgegrenzte Menge von Elementen die miteinander in Beziehung stehen", [91]. Mit einem Fokus auf die Fahrzeugdynamik, ist der Begriff des

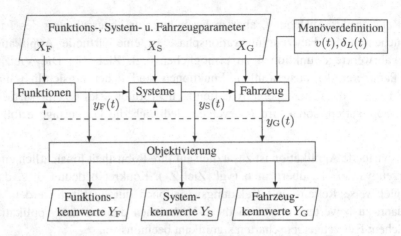

Abbildung 1.1: Abstraktion der verwendeten Modellstruktur zur Einordnung der in dieser Arbeit verwendeten Begrifflichkeiten.

Systems auf dynamische Systeme einzuschränken und wird im Folgenden Synonym verwendet. UNBEHAUEN [87] definiert ein dynamisches System in als „eine Funktionseinheit [...] zur Verarbeitung und Übertragung von Signalen (z.b. in Form von Energie, Material, Information, Kapital und anderen Größen), wobei die Systemeingangsgrößen als Ursache und die Systemausgangsgrößen als deren zeitliche Auswirkung zu einander in Relation gebracht werden."

Der abstrahierte Systembegriff schließt folglich sowohl Softwaresysteme als auch mechatronische Systeme ein. Letztere umfassen die betrachteten Aktoren und auch das Gesamtsystem Fahrzeug. Im weiteren Verlauf sollen allerdings lediglich die Aktoren als Systeme bezeichnet werden. Das System repräsentiert die Abbildung eines Aktors mit den zugehörigen hydraulischen, elektrischen, elektro-mechanischen oder mechanischen Komponenten sowie einer entsprechenden low-level Regelungslogik. Hier sei beispielhaft der Aktor eines Hinterachslenksystems mit der low-level Motorregelung angeführt.

Das resultierende Systemmodell ist durch die ausgewählte Modellierungsart sowie die zugehörigen Systemparameter X_S definiert. Die Ist-Stellgrößen umfassen Kräfte oder Momente und sind in dem zeitvarianten Vektor der Systemausgangsgrößen $y_S(t)$ zusammengefasst. Sie werden im Fahrzeugmodell an entsprechenden Stellen aufgeprägt.

Modell Die Überführung eines Systems in die Simulation erfolgt anhand eines Modells. Die VDI-3633 [92] charakterisiert ein solches als: „Vereinfachte Nachbildung eines geplanten oder existierenden Systems mit seinen Prozessen in einem anderen begrifflichen oder gegenständlichen System. Es unter scheidet sich hinsichtlich der untersuchungsrelevanten Eigenschaften nur innerhalb eines vom Untersuchungsziel abhängigen Toleranzrahmens vom Vorbild." Die vorliegende Modellstruktur umfasst Modelle der analysierten Fahrwerkregelsysteme sowie ein Fahrzeugmodell.

Funktion Die betrachteten Funktionen der Fahrwerkregelung beeinflussen das Fahrzeugverhalten situationsabhängig. Sie sind mithilfe der im Fahrzeug verwendeten Software in die Entwicklungsumgebung integriert. Für existierende Funktionen bedarf es keiner Überführung in Modelle. Für Neuentwicklungen sind hingegen konzeptionelle Funktionsmodelle abzubilden.

Die Funktionen beinhalten eine high-level Steuerung oder Regelung und entsprechende Logiken, die basierend auf dem aktuellen Fahrzustand $y_G(t)$, die notwendigen Soll-Stellgrößen bestimmen. Diese Stellgrößen sind in dem Vektor $y_F(t)$ zusammengefasst und definieren die Soll-Stellgröße eines oder mehrerer zugehöriger Systeme. Das gewünschte Fahrzeugverhalten ist in der Funktion abgebildet und über die Funktionsparameter X_F zu applizieren. Ein Beispiel ist die Regelung und Logik eines Hinterachslenksystems.

Parameter Der Parameterbegriff wird im Sinne der VDI-4465 [91] verwendet. Demnach charakterisieren und konfigurieren Parameter ein System. Die betrachteten Softwarefunktionen, Systeme sowie das Gesamtsystem Fahrzeug sind über die jeweiligen Parameter X_F, X_S und X_G zu parametrisieren.

Kennwert Die Ausgangsgrößen der Funktionen, Systeme und des Fahrzeugmodells sind mithilfe einer sogenannten Objektivierung in Kennwerte zu überführen. Diese dienen der reproduzierbaren Messung einer Größe. Ziel ist es, den aus einer Messung oder Simulation resultierenden Vektor der Modellausgangsgröße $y(t)$ mit einer minimalen Anzahl an Kennwerten Y zu charakterisieren. Es werden die Funktion-, System- und Fahrzeugkennwerte Y_F,

Y_S und Y_G ermittelt. Diese erlauben die objektive Beschreibung und Analyse des Funktion-, System- und Fahrzeugverhaltens während eines definierten Fahrmanövers.

Fahrmanöver Für eine Analyse des Fahrzeugverhaltens unter Einwirkung der Fahrwerkregelfunktionen und -systeme sind geeignete und reproduzierbar aufzuprägende Fahrzustände zu definieren. Die vollständige Durchschreitung dieser Fahrzustände wird Fahrmanöver genannt. Dieses ist mithilfe eines zeitvarianten Lenkradwinkels $\delta_L(t)$ und einer zeitvarianten Geschwindigkeit $v(t)$ charakterisiert.

Methode Eine Methode stellt dabei ein auf einem Regelsystem aufbauendes Verfahren zur Erlangung von (wissenschaftlichen) Erkenntnissen dar. In Abhängigkeit dieser Methoden erfolgt eine Konfiguration und Parametrisierung des Modells, eine Simulation des definierten Manövers und eine Auswertung der resultierenden Ergebnisse in Form der Kennwerte.

1.4 Struktur der Arbeit

Die Abbildung 1.2 fasst die Inhalte dieser Arbeit sowie deren Verknüpfung zusammen. Nach Abschluss dieses einleitenden Kapitels sind die Ziele dieser Arbeit definiert.

Kapitel 2 ermittelt den Stand der Forschung und führt in die Grundlagen ein. Behandelt werden die Themengebiete der Entwicklungsprozesse und -methoden mechatronischer Systeme, die Auslegung von Fahrwerkregelsystemen, die Fahrzeugsimulation und Modellbildung sowie der Bereich der statistischen Versuchsplanung und Sensitivitätsanalyse. Es werden die Forschungslücken identifiziert und die Anforderungen an eine Prozessaktualisierung aufgestellt.

Diese Aktualisierung des bestehenden Entwicklungsprozesses für Fahrwerkregelsysteme ist in Kapitel 3 zusammengefasst. Es werden Anforderungen an eine virtuelle Entwicklungsumgebung sowie an eine Sensitivitätsanalysemethode abgeleitet. Basierend darauf, wird in Kapitel 4 die Entwicklungsumgebung konzipiert. Im Anschluss erfolgt in Kapitel 5 eine Synthese bestehender Sensitivitätsanalysemethoden sowie deren Integration in den Entwicklungsprozess.

Die Anwendung der integrierten Entwicklungsmethodik erfolgt in Kapitel 6. Eine Zusammenfassung sowie einen Ausblick zeigt abschließend das Kapitel 7.

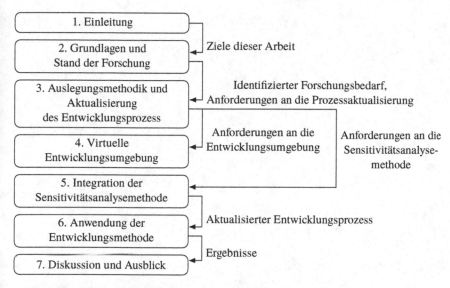

Abbildung 1.2: Zusammenfassung der Struktur dieser Arbeit.

2 Grundlagen und Stand der Forschung

Im Folgenden wird zunächst der aktuelle Forschungsstand für Entwicklungsmethoden und -prozesse von Fahrwerkregelsystemen dargelegt. Anschließend ist das bisher genutzte Potenzial einer Integration der virtuellen Entwicklung in diesen Prozess analysiert. Des Weiteren werden die dafür notwendigen Grundlagen der Modellbildung und Simulation von mechatronischen Systemen erarbeitet. Zuletzt ist der aktuelle Forschungsstand der Methoden der statistischen Versuchsplanung und Sensitivitätsanalyse zusammengefasst.

2.1 Entwicklungsmethoden für mechatronische Systeme

Einen umfassenden Überblick über Entwicklungsmethoden für mechanische, elektrotechnische und mechatronische Systeme sowie für Software geben EIGNER et al. [24]. Die Herausforderung für die Entwicklung moderner Automobile besteht in der Verknüpfung der genannten Domänen.

Für die interdisziplinäre Entwicklung von mechatronischen Systemen ist das V-Modell nach VDI-Richtlinie 2206 [94] vorgestellt. Die Richtlinie führt bestehende, domänenspezifische Entwicklungsmethoden, wie beispielsweise die VDI-Richtlinien 2221 [93] und 2422 [90], zusammen. Dabei steht die frühe Entwicklungsphase mit dem Ziel eines Systementwurfs im Fokus. Aufbauend auf dieses V-Modell entwickelt BENDER [5] das 3-Ebenen-Vorgehensmodell und fokussiert dabei die durchgängige, domänenübergreifende Zusammenarbeit.

Ein deskriptives Vorgehensmodell unter besonderer Berücksichtigung der virtuellen Produktentwicklung adaptronischer Systeme stellen NATTERMANN und ANDERL [61] mit dem W-Modell vor. Es wird aufgezeigt, inwiefern ein zentrales Datenmanagement unabdingbar für eine virtuelle Produktentwicklung parallel zum Hardwareentwurf ist. Die Entwurfsphase des klassischen V-Modells wird um eine anschließende, virtuelle Integration der entworfenen Systeme und Subsysteme ergänzt. Das Ziel ist ein validiertes, virtuelles Gesamtmodell, das mit

C. Braunholz, *Integration von Sensitivitätsanalysemethoden in den Entwicklungsprozess für Fahrwerkregelsysteme*, Wissenschaftliche Reihe Fahrzeugtechnik Universität Stuttgart, https://doi.org/10.1007/978-3-658-33359-1_2

digitalen Methoden analysiert und verifiziert werden kann. Erst im Anschluss erfolgt eine domänenspezifische Entwicklung und physikalische Systemintegration. Das gewonnene Wissen der virtuellen Analyse und Absicherung sowie die in dieser Phase behobenen Fehler erspare aufwendige Integrationsarbeit des Hardwareproduktes.

SCHARFENBAUM [77] erweitert das etablierte V-Modell um die Funktionsebene und ermöglicht eine funktionsorientierte Fahrwerkregelsystementwicklung. Ein Prozessrahmenwerk für das modellbasierte Systems Engineering (MBSE) stellt TSCHIRNER [86] vor. Das MBSE [84] strebt durchgängig anwendbare Modelle zur Unterstützung der Anforderungsdefinition, des Entwurfs, der Analyse, der Absicherung und der Validierung an. Die Notwendigkeit der Integration der Softwareentwicklung in den Entwicklungsprozess mechatronischer Systeme greifen auch EIGNER et al. [23] für den Entwurf der mecPro^2-Entwicklungsmethode auf.

Für die Fahrzeug- und folglich auch die Fahrwerkregelsystementwicklung ist ein Entwicklungsvorgehen entlang des aktualisierten V-Modells etabliert. Aus diesem Grund bildet dieses Vorgehensmodell auch die Basis für die vorliegende Arbeit. Der aktuelle Stand der Technik ist in Abbildung 2.1 abstrahiert.

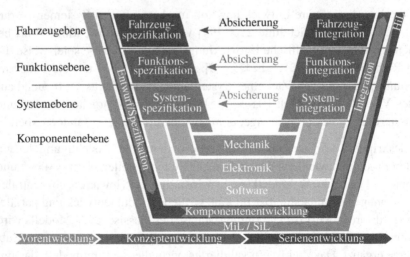

Abbildung 2.1: V-Entwicklungsmodell in Anlehnung an [5], [77] sowie [94].

Die Entwicklungsphasen gliedern sich in die Vor-, Konzept- und Serienentwicklung. Den Eingang in den Entwicklungsprozess bilden die Fahrzeugeigenschaftsziele. Das aktive Fahrzeug wird in der Regel in Relation zu einem passiven Pendant hinsichtlich fahrdynamischer oder fahrkomfort-technischer Eigenschaften „aufgewertet". Um diese Abgrenzung zu erreichen, stehen Fahrwerkregelfunktionen sowie zugehörige Fahrwerkregelsysteme zur Verfügung. Aus diesen wird basierend auf Erfahrungswissen, Model-in-the-loop (MiL) und Software-in-the-loop (SiL) Simulationen, Berechnungen und weiteren Randbedingung, wie beispielsweise Innovationstrends oder Kosten, eine Funktions- und Systemauswahl getroffen. Für Neuentwicklungen ist ein Funktions- und Systementwurf anzustoßen. Basierend auf einer Systemdefinition werden Systemanforderungen anhand von Berechnungen oder MiL-/SiL-Simulationen abgeleitet. Die anschließende domänenspezifische Entwicklung erfolgt häufig bei einem oder mehreren Entwicklungsdienstleister(n). Nach abgeschlossener Entwicklung der Komponenten findet deren Integration, das heißt eine Zusammenführung in die jeweiligen Systeme, statt. Neben MiL- und SiL-Analysen werden optional nach Komponenten- und Systemintegration auch Hardware-in-the-loop (HiL) Untersuchungen zur Eigenschaftsabsicherung durchgeführt. Ebenso werden die Funktionen und schließlich das Gesamtfahrzeug integriert und abgesichert. Mit steigendem Produktreifegrad des Fahrzeugs nimmt auch der HiL-Anteil der Untersuchungen zu. Schlussendlich findet die Feinabstimmung des Gesamtfahrzeugs im Fahrversuch statt und die MiL-/SiL-Analysen dienen lediglich noch der Unterstützung.

Der beschriebene Prozess offenbart eine nicht durchgängige Anwendung von Entwicklungsmethoden. Berechnungen und MiL-/SiL-Simulationen werden lediglich im Systementwurfsast herangezogen und finden selten Anwendung im Integrationsabschnitt. Weiterhin steht der Prozess mit zunehmender Systemanzahl und somit Fahrzeugkomplexität im Zielkonflikt mit kürzeren Entwicklungszyklen und -budgetreduktionen. Die erfahrungsbasierte Systemauswahl, Anforderungsdefinition und Systemapplikation wird ohne Unterstützung von einem modernen Wissensmanagement Entwicklungspotenzial hinsichtlich Effizienz und Qualität offen lassen. Ein solches Wissensmanagement ist beispielsweise von STUDER et al. [83] und von SCHARFENBAUM [77] vorgestellt. Die Integration eines Wissensmanagementsystems in den Produktentwicklungsprozess zeigt THEL [85] und ist daher nicht Bestandteil dieser Arbeit.

Sowohl der mangelnden Durchgängigkeit der bisherigen Methodenanwendung, als auch der endlichen Beherrschbarkeit der Komplexität, ist durch die Unterstützung von virtuellen Entwicklungsmethoden entgegenzuwirken. Aus diesem Grund werden im Folgenden Fortschritte in der Integration der virtuellen Auslegungsprozesse in den Entwicklungsprozess dargelegt.

2.2 Virtuelle Auslegung von Fahrwerkregelsystemen

Die Ansätze für einen virtuellen Auslegungsprozess von Fahrwerkregelsystemen gliedern sich in zwei Teilabschnitte. Die iterative Verfahren und die Lösungsfindung mithilfe von Optimierungsalgorithmen sind dafür zusammenfassend dargestellt.

Mit dem Target Cascading ist von KIM et al. [46] ein fundamentales Prinzip zur iterativen Auslegung vorgestellt. Zielbereiche auf der obersten Ebene werden strukturiert und sukzessiv auf die untergeordneten Ebenen kaskadiert. Ein Übertrag dieses Vorgehens auf einen Entwicklungsprozess für Fahrwerkregelsysteme im Sinne des V-Modells erfordert eine mathematische Verknüpfung der Fahrzeugeigenschafts-, Funktions- und Systemziele.

Den Gedanken einer iterativen Entwicklung von Fahrwerkregelsystemen mithilfe von virtuellen Methoden veröffentlichen KVASNICKA et al. [50]. Den Kern der beschriebenen Vorgehensweise bildet eine modulare und entlang des Entwicklungsprozesses wachsende Simulationsumgebung. Mithilfe von vereinfachten Konzeptmodellen können MiL-Prinzipuntersuchungen durchgeführt werden. Die Modellkomplexität steigert sich mit dem Entwicklungsfortschritt, ermöglicht SiL-Analysen und mündet in HiL-Betrachtungen, sobald entsprechende Steuergeräte verfügbar sind. Die Steuergeräte und Aktoren können anstelle der einzelnen Funktionen und Systeme modular integriert werden. Der Anteil der MiL- und SiL-Untersuchungen nimmt von Auslegung, über Spezifikation und domänenspezifische Entwicklung sowie Absicherung kontinuierlich ab, bis für die Abstimmung im Fahrzeugprototypen lediglich noch effizient einsetzbare, virtuelle Simulationswerkzeuge zur Unterstützung herangezogen werden sollen. Die Effizienz der letzten Entwicklungsstufe der Simulationsumgebung steht allerdings im Zielkonflikt mit der bis zu diesem Stadium angestiegene Modellkomplexität.

MÄDER [53] zeigt einen möglichen iterativen Entwicklungsprozess für das konventionelle Fahrwerk. Dafür integriert er eine lokale, singuläre Sensitivitätsanalyse und weist nach, dass Wechselwirkungseffekte für den Anwendungsfall vernachlässigbar sind. Die virtuelle Auslegung von Dämpfern mithilfe des Solution Space Algorithmus nach GRAFF [33] zeigt EICHSTETTER [22]. Eine virtuelle Auslegung von Fahrzeugderivaten hinsichtlich Fahrzeugquerdynamikzielen zeigen MAULICK et al. [54].

Das Potenzial der Integration der virtuellen Fahrwerksentwicklung in den Entwicklungsprozess aus Sicht des Fahrzeugherstellers wird von WAGNER [95] dargelegt. Anknüpfende Arbeiten zeigen die Herausforderungen in der Komplexitätsbeherrschung aktiver Fahrwerksysteme sowie das Potenzial der fortschreitenden Integration virtueller Methoden in den Entwicklungsprozess auf [96], [97].

SCHARFENBAUM [77] entwickelt einen iterativen Entwicklungsprozess für aktive Fahrwerkskomponenten. Die Funktionsauswahl wird basierend auf einem entworfenen Wissensmanagementsystem durchgeführt. Die Funktions- und Systemspezifikation erfolgt mit vereinfachten Modellen. Im Gegensatz zu KVASNICKA et al. werden keine Konzeptmodelle, sondern die Kernfunktionen der vorhandenen Vorgängerversion herangezogen. Die durchgängige Anwendung der Methoden wird fokussiert.

ZIMMERMANN et al. [101] stellen eine Entwicklungsmethode zur Berücksichtigung von Unsicherheiten in komplexen Systemen vor. Das V-Modell wird mit quantitativen Designmethoden verknüpft, sodass die maximalen Unsicherheiten der Systemparameter ermittelt werden können. Diese Methode verwenden ZARE et al. [100] zur Auslegung eines Hinterachslenksystems.

Die Integration des Target Cascading Ansatzes in das V-Entwicklungsmodell wird von ABEL et al. [2] vorgestellt. Die Vorgehensweise wird um den Solution Space Algorithmus erweitert [4]. Die Anwendung auf ein lineares Einspurmodell zur Auslegung eines passiven Fahrwerkskonzept ist [3] zu entnehmen.

Den Konflikt aus Fahrzeugquerdynamikeigenschaftszielen und dem Energiebedarf eines Allradlenksystems untersuchen DETTLAFF et al. [16]. Anknüpfende Arbeiten zeigen eine Methode zur Ableitung eines Kompromisses aus Eigenschaftszielen und Leistungsdegradationen auf [15], [18]. Ein Konzept für eine durchgängig anwendbare, virtuelle Entwicklungsumgebung wird von BRAUNHOLZ et al. [8] vorgestellt. Das Potenzial der Integration von Sensitivitätsanalysemethoden in eine solche Umgebung ist [9] zu entnehmen. Die Verknüpfung der virtuellen Fahrwerksentwicklung und des Fahrversuchs stellt ein Fahrsimulator dar. Die subjektive Bewertung querdynamischer Eigenschaften auf einem solchen zeigt BREMS [10].

FRIDRICH [28] zeigt eine umgekehrte Vorgehensweise. Es wird nicht der Entwicklungsprozess für eine steigende Fahrzeugkomplexität modernisiert, sondern die Komplexität und der Auslegungsaufwand im Fahrwerkregelsystem reduziert. Das untersuchte LEICHT-Fahrzeug verfügt über einen Radnabenantrieb [14], eine Hinterachslenkung und eine Momentenverteilung [27]. Das entwickelte Regelungskonzept ermöglicht es unter anderem, dem Kleinwagen die Fahreigenschaften eines Oberklassefahrzeuges aufzuprägen.

Eine durchgängige virtuelle Unterstützung der Fahrwerkregelsystementwicklung mithilfe einer Simulationsumgebung setzt eine verifizierte und validierte Abbildung der relevanten Fahrzeugdynamikeigenschaften voraus. Dafür sind sowohl die konventionellen Fahrwerkskomponenten, als auch die Fahrwerkregelfunktionen und -systeme abzubilden. Die dafür etablierte Vorgehensweise wird im folgenden Abschnitt vorgestellt.

2.3 Fahrzeugsimulation und Modellbildung

Zunächst ist die Vorgehensweise zur Modellierung des passiven Gesamtfahrzeugs zu eruieren. Im Anschluss wird die Integration der Funktionen und Systeme in das Fahrzeugmodell erörtert.

Fahrzeugmodellierung

Die vereinfachte Abbildung der Fahrzeugquerdynamik erfolgt häufig mithilfe des linearen Einspurmodells nach RIEKERT und SCHUNCK [58]. Dieses reduziert das Fahrzeug auf eine Spur mit den Radlenkwinkeln δ_v und δ_h. Der Schwerpunkt ist in der Fahrbahnebene positioniert und es findet eine isolierte Betrachtung der Querdynamik statt. Die Reifenseitenkräfte $F_{y,v}$ und $F_{y,h}$ werden linear über dem jeweiligen Schräglaufwinkel α_v und α_h aufgebaut. Eine Erweiterung um eine nichtlineare Reifencharakteristik $c_\alpha = f(\alpha)$ ist üblich. Die Winkelgeschwindigkeit der Rotation um die Hochachse z wird als Gierrate $\dot\psi$ bezeichnet. Zwischen Fahrzeuglängsachse x und der Fahrzeuggeschwindigkeit im Schwerpunkt v stellt sich ein Schwimmwinkel β ein. Ebenso ist ein Schwimmwinkel an der Hinterachse β_h mithilfe der zugehörigen Geschwindigkeit v_h zu bestimmen. Das Einspurmodell ermöglicht bereits Untersuchungen von vornehmlich quer-dynamisch wirksamen Fahrwerkregelfunktionen wie beispielsweise einer Hinterachslenkung. Die Abbildung 2.2 zeigt ein solches, um eine lenkbare Hinterachse erweitertes, Einspurmodell. Dieses dient der Definition des fahrzeugfesten Koordinatensystems in den Koordinaten x_{Fzg}, y_{Fzg} und z_{Fzg}, das im Rahmen dieser Arbeit verwendet wird.

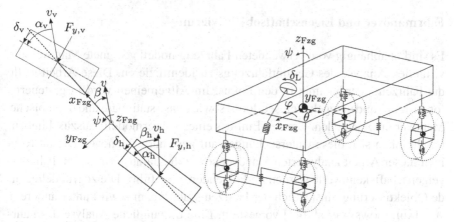

Abbildung 2.2. Einspur-Fahrzeugmodell nach [58], [35].

Abbildung 2.3: Zweispur-Fahrzeugmodell angelehnt an [35], [59].

Für eine Kopplung der Longitudinal-, Lateral- und Vertikalbewegungen sowie der zugehörigen Rotationsfreiheitsgerade wird das Einspurmodell entsprechend erweitert [49]. Alternativ ist auf ein fünf Massen Zweispurmodell zurückzugreifen, wie es beispielsweise [35] und [59] zu entnehmen ist. Das in dieser Arbeit verwendete Fünfmassenmodell zeigt Abbildung 2.3. Die Rotation um die x_{Fzg}-Achse wird mit dem Wankwinkel φ bezeichnet. Entsprechend ist eine Rotation um die y_{Fzg}-Achse mit dem Nickwinkel θ beschrieben. Ergänzend zum Einspurmodell ist ein Lenkungsmodell nach PFEFFER [66] integriert. Dieses bildet den Kraftpfad vom aufgeprägten Lenkradwinkel δ_{L} zum Zahnstangenweg ab. Die Fahrwerkskinematik und, sofern abgebildet, auch die Elastokinematik werden über Kennlinien oder Polynome parametrisiert. Diese entstammen Messungen eines quasi-stationär arbeitenden Fahrwerksprüfstands. In der frühen Entwicklungsphase muss dieser durch einen virtuellen Prüfstand in Form eines Mehrkörpersimulationsmodells ersetzt werden. Die relevanten Fahrwerkskomponenten werden in einem Mehrkörpersimulationsmodell abgebildet und über Feder- und Dämpferelemente sowie kinematische Zwangsbedingungen gekoppelt. Diese Modellierungsebene verfügt über die höchste Abbildungsgüte [78].

Fahrmanöver und Eigenschaftsobjektivierung

Es sind unabhängig vom verwendeten Fahrzeugmodell geeignete Manöver zur virtuellen Analyse des Gesamtfahrzeugs zu identifizieren. Diese Arbeit stellt die Fahrzeugquerdynamik in den Fokus. Im Allgemeinen wird in gesteuerte (open-loop) und geregelte (closed-loop) sowie quasi-stationäre und dynamische Manöver unterschieden. Um den Einfluss eines Fahrermodells auszuschließen, beschränken sich diese Untersuchungen auf gesteuerte Manöver. Die im Rahmen dieser Arbeit analysierten Manöver sowie die daraus ermittelten Fahrzeugeigenschaftskennwerte werden im Folgenden eingeführt. Die zugrundeliegende Objektivierung hinsichtlich der Fahrzeugquerdynamik wird unter anderem von JABLONOWSKI et al. [44] vorgestellt. Eine umfängliche Analyse des Fahrzeugverhaltens erfordert weitere Manöver. Für die Fahrzeugquerdynamik sei dafür noch der Lenkradwinkelsprung in den Querbeschleunigungsgrenzbereich nach ISO 7401 [39] erwähnt. Weiterhin ist das kombinierte Fahrzeugverhalten unter zusätzlichem Einfluss von Längsbeschleunigungen, beispielsweise in einem Fahrspurwechsel nach ISO 3888-1 [41], von Relevanz.

Das quasi-stationäre Fahrzeugverhalten wird mit einer Lenkradwinkelrampe angelehnt an ISO 4138 [40] untersucht. Bei verschiedenen, initialen Fahrzeuggeschwindigkeiten beginnt der Fahrer bei einer Lenkradwinkelgeschwindigkeit den Lenkwinkel zu steigern bis die maximale Querbeschleunigung erreicht wird. Das resultierende Fahrzeugverhalten ist exemplarisch in Abbildung 2.4 a. bis c. dargestellt.

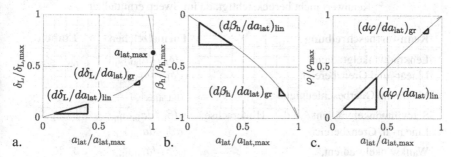

Abbildung 2.4: Ermittlung der Fahrzeugeigenschaftskennwerte in der Lenkradwinkelrampe für den Lenkwinkel δ_L, den Hinterachsschwimmwinkel β_h und den Wankwinkel φ bezogen auf die Querbeschleunigung a_{lat}.

Abbildung 2.4 a. zeigt den für eine bestimmte Querbeschleunigung notwendigen Lenkradwinkel und charakterisiert durch die entsprechenden Gradienten im Linear- und Grenzbereich, $(d\delta_L/da_{lat})_{lin}$ und $(d\delta_L/da_{lat})_{gr}$, das Eigenlenkverhalten des Fahrzeugs. Die maximal erreichte Querbeschleunigung $a_{lat,max}$ offenbart die laterale Kraftschlussgrenze der Reifen. Der Fahrzeugschwimmwinkel im Schwerpunkt wird für einen verbesserten Vergleich mit der Subjektivbewertung des Fahrversuches auf einen Schwimmwinkel an der Hinterachse umgerechnet. Dieser ist in Abbildung 2.4 b. ebenfalls über der Querbeschleunigung dargestellt. Vergleichbar zur vorherigen Vorgehensweise werden die Gradienten im Linear- und Grenzbereich, $(d\beta_h/da_{lat})_{lin}$ sowie $(d\beta_h/da_{lat})_{gr}$, ermittelt. Diese spiegeln die Stabilität der Hinterachse im jeweiligen Querbeschleunigungsbereich wider. Abbildung 2.4 c. zeigt den Fahrzeugwankwinkel im Schwerpunkt aufgetragen über der Fahrzeugquerbeschleunigung. Aufgrund des linearen Wankverhaltens eines konventionellen Fahrwerks wird der Gradient häufig im Linearbereich $(d\varphi/da_{\text{lat}})_{\text{lin}}$ bestimmt. Für ein situationsabhängig beeinflussbares Wankverhalten ist allerdings auch eine Ermittlung eines Wankwinkelgradientens im Grenzbereich $(d\varphi/da_{\text{lat}})_{\text{gr}}$ notwendig. Diese auf einer Lenkradwinkelrampe basierenden Kennwerte in Tabelle 2.1 zusammenfassend dargestellt.

Tabelle 2.1: Auflistung der betrachteten fahrdynamischen Objektivkennwerte für die Lenkradwinkelrampe.
*: Kennwert nicht berücksichtigt, da im Sweep ermittelbar

Kennwertbeschreibung	Formelzeichen	Einheit
Lenkradwinkelgradient, Linear- und Grenzbereich	$(d\delta_{\text{L}}/da_{\text{lat}})^*_{\text{lin}}$, $(d\delta_{\text{L}}/da_{\text{lat}})_{\text{gr}}$	°/g
Maximale Querbeschleunigung	$a_{\text{lat,max}}$	g
Schwimmwinkelgradient a.d. Hinterachse, Linear- u. Grenzbereich	$(d\beta_{\text{h}}/da_{\text{lat}})^*_{\text{lin}}$, $(d\beta_{\text{h}}/da_{\text{lat}})_{\text{gr}}$	°/g
Wankwinkelgradient, Linear- und Grenzbereich	$(d\varphi/da_{\text{lat}})^*_{\text{lin}}$, $(d\varphi/da_{\text{lat}})_{\text{gr}}$	°/g

Für eine Objektivierung der dynamischen Querdynamikeigenschaften des Fahrzeugs empfiehlt die ISO 7401 einen sinusförmig oder sprunghaft aufgeprägten Lenkradwinkel [39]. Es werden entweder multiple Manöver mit konstanter Lenkfrequenz durchgeführt oder die Frequenz wird kontinuierlich über der Manöverdauer gesteigert. Die Frequenzsteigerung erfolgt linear, quadratisch oder logarithmisch. In jedem Fall aber ist eine hinreichend langsame Steigerung anzustreben. Im Folgenden wird ein Manöver mit quadratisch steigender Lenkwinkelfrequenz von $f = f_1$ bis $f = f_{\text{max}}$ eingeführt und im Rahmen der Arbeit herangezogen. Die ausgewählten Frequenzen repräsentieren für die Subjektivbewertung wichtige Arbeitspunkte. Die Lenkradwinkelamplitude wird dabei so gewählt, dass stationär eine definierte Querbeschleunigung im Linearbereich erreicht wird. Die Analyse des Fahrzeugverhaltens erfolgt im Frequenzbereich. Beide Signale werden nach einer von WELCH [98] vorgestellten Methode basierend auf einer Fast-Fourier-Transformation in ihre spektrale Leistungsdichte überführt. Daraus ist das Kreuzleistungsdichtespektrum der Signale bestimmbar. Mithilfe dieser drei Spektren ist das Übertragungsverhalten der Signale ermittelbar. Die resultierenden Amplituden- und Phasengänge sind in Abbildung 2.5 a. bis h. dargestellt.

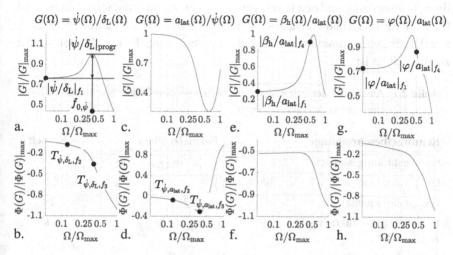

Abbildung 2.5: Ermittlung der Fahrzeugeigenschaftskennwerte in den Übertragungsfunktionen des Lenkradwinkel-Sinus-Sweep.

Zunächst ist das Übertragungsverhalten des Lenkradwinkels auf die Gierrate $G(\Omega) = \dot{\psi}(\Omega)/\delta_{\mathrm{L}}(\Omega)$ ermittelt, siehe Abbildung 2.5 a. und b. Für die Objektivierung wird die quasi-statische Gierverstärkung $|\dot{\psi}/\delta_{\mathrm{L}}|_{f_1}$ in der Frequenz $f = f_1$, die Giereigenfrequenz $f_{0,\dot{\psi}}$ sowie die Gierprogression $|\dot{\psi}/\delta_{\mathrm{L}}|_{\mathrm{progr}}$ bestimmt. Letztere beschreibt die Überhöhung der Gierverstärkung in der Giereigenfrequenz gegenüber einem Amplitudenverhältnis bei einer geringen Lenkfrequenz von $f = f_1$. Zusätzlich wird der Phasenverzug in den Frequenzen $f = f_2$ und $f = f_3$ in einen Zeitverzug $T_{\delta_{\mathrm{L}},\dot{\psi},\mathrm{f}_2}$ beziehungsweise $T_{\delta_{\mathrm{L}},\dot{\psi},\mathrm{f}_3}$ konvertiert. Weiterhin werden in diesen beiden Frequenzstützstellen die Phasendifferenzen der Gierrate zu einem Aufbau der Querbeschleunigung, $T_{\dot{\psi},a_{\mathrm{lat}},\mathrm{f}_2}$ und $T_{\dot{\psi},a_{\mathrm{lat}},\mathrm{f}_3}$, ermittelt. Der Hinterachsschwimmwinkel wird als Quotient der Amplitude zur Querbeschleunigung und in den beiden Frequenzen $f = f_1$ und $f = f_4$ als $|\beta_{\mathrm{h}}/a_{\mathrm{lat}}|_{f_1}$ sowie $|\beta_{\mathrm{h}}/a_{\mathrm{lat}}|_{f_4}$ bestimmt. Ebenso werden die Wankwinkelgradienten $|\varphi/a_{\mathrm{lat}}|_{f_1}$ und $|\varphi/a_{\mathrm{lat}}|_{f_4}$ ermittelt.

Die in dem Lenkradwinkel-Sinus-Sweep Manöver ermittelten Kennwerte charakterisieren das dynamische Fahrzeugverhalten und sind in Tabelle 2.2 mit ihrer Beschreibung und den jeweiligen Einheiten zusammenfassend dargestellt. Es ist allerdings zu bemerken, dass die Linearisierbarkeit der Fahrzeuggrößen in eine Übertragungsfunktion unter Einfluss nichtlinearer Fahrwerkregelsysteme zu überprüfen ist.

Tabelle 2.2: Auflistung der betrachteten fahrdynamischen Objektivkennwerte für den Lenkradwinkel-Sinus-Sweep.

Kennwertbeschreibung	Formelzeichen	Einheit
Gierverstärkung, statisch	$\|\dot\psi/\delta_L\|_{f_1}$	1/s
Gierprogression	$\|\dot\psi/\delta_L\|_{\mathrm{progr}} = \|\dot\psi/\delta_L\|_{f_{0,\dot\psi}} / \|\dot\psi/\delta_L\|_{f_1}$	1
Giereigenfrequenz	$f_{0,\dot\psi}$	Hz
Phasenverzug Lenkradwinkel zu Gierrate	$T_{\delta_L,\dot\psi,f_2}, T_{\delta_L,\dot\psi,f_3}$	s
Phasenverzug Gierrate zu Querbeschleunigung	$T_{\dot\psi,a_{\mathrm{lat}},f_2}, T_{\dot\psi,a_{\mathrm{lat}},f_3}$	s
Schwimmwinkelgradient (hinten), statisch und dynamisch	$\|\beta_h/a_{\mathrm{lat}}\|_{f_1}, \|\beta_h/a_{\mathrm{lat}}\|_{f_4}$	$°/g$
Wankwinkelgradient, statisch und dynamisch	$\|\varphi/a_{\mathrm{lat}}\|_{f_1}, \|\varphi/a_{\mathrm{lat}}\|_{f_4}$	$°/g$

Funktionssoftware und Systemmodelle

Alle genannten Fahrzeugmodelle können um Fahrwerkregelfunktionen und -systeme, wie eine Hinterachslenkung oder aktive Stabilisatoren, erweitert werden. Dafür sind sowohl die Funktionen als auch eine geeignete System-abbildung zu integrieren und zu vernetzen. Eine dafür notwendige Simulationsumgebung wird in Kapitel 4 entwickelt.

Die Logik der Fahrwerkregelfunktionen ist in einer geeigneten Software umgesetzt. In Abhängigkeit von der Entwicklungsphase werden die Funktionen als neu entwickelte Konzeptfunktionen abgebildet oder es werden bestehende Serienfunktionen integriert. Die Herausforderung besteht darin, die Serienfunktionen vollständig mit Signalen des virtuellen Fahrzeugs zu verknüpfen. Hierbei sind nicht alle Signale des realen Fahrzeugs abgebildet und es gilt diese entsprechend zu ersetzen.

Für die von den Funktionen angesteuerte, zugehörige Fahrwerksaktuatorik ist häufig kein virtuelles Abbild verfügbar. Dieses Modell gilt es mithilfe von Methoden der Systemidentifikation zu erzeugen. Es ist in experimentelle, semi-physikalische und physikalische Modelle zu unterscheiden [43]. Ein experimentelles Modell bildet den Zusammenhang zwischen Ein- und Ausgangsgrößen in einem Black-Box Modell ab. Ein Beispiel hierfür ist ein Übertragungsglied. Ein experimentelles Modell ist häufig nur in einem eingeschränkten Arbeitsbereich des Systems gültig. Die physikalische Modellierung hingegen bildet die physikalischen Effekte des Systems vollständig in einem White-Box Modell ab [1]. Letzteres setzt eine entsprechende Systemkenntnis voraus, um beispielsweise ein Motormodell zu parametrisieren. Prüfstandsmessungen dienen hier der Parameteridentifikation etwaiger unbekannter Modellparameter, wie beispielsweise der im System vorhandenen Reibung. Die physikalische Modellierung strebt eine detailgenauere Abbildung des Systems im gesamten Arbeitsbereich an. Weiterhin sind neben den Zusammenhängen von Ein- und Ausgangsgrößen auch Informationen über Zwischengrößen vorhanden. Neben dem Kraftübertragungspfad können so beispielsweise auch elektrische Größen betrachtet werden. Das semi-physikalische Modell bildet einen Kompromiss aus diesen beiden Ansätzen, indem beispielsweise ein Motormodell physikalisch modelliert und die angeschlossene mechanische Strecke linearisiert und in ein Übertragungsglied überführt wird. In allen Fällen ist eine Prüfstandsmessung zur Validierung des entsprechenden Modells unabdingbar. Empfehlungen für geeignete Manöver für eine vollständige Systemidentifikation oder -validierung sind [43] zu entnehmen.

Neben der in Abschnitt 2.1 angeführten Simulationsumgebungen zur Untersuchung von Fahrwerkregelsystemen, existieren Arbeiten mit einem Fokus auf die Funktion oder das System. MEISSNER [56] entwickelt eine Funktion zur variablen Antriebsmomentenverteilung. Zwei neuartige Regelungsansätze für

semi-aktive Fahrwerke stellt KOCH [47] vor. Ein quadratisch optimales Regelungskonzept für ebensolche Fahrwerkskonzepte entwirft UNGER [88]. PEL-
LEGRINI [65] entwickelt eine modellbasierte Dämpferregelung. Des Weiteren
präsentiert GÖHRLE [32] eine vorausschauende Fahrwerksregelung sowohl für
semi-aktive als auch für aktive Federungssysteme. OBERMÜLLER [63] verknüpft
ein nichtlineares Einspurmodell mit einer Hinterachslenkung und entwickelt
eine Zustandsschätzung zur Ansteuerung derselben. Die notwendige Model-
lierungsgüte eines Allradlenksystems untersuchen DETTLAFF et al. [17]. Die
Möglichkeit der Zentralisierung der Fahrdynamikregelfunktionen (global chassis control) untersucht MIHAILESCU [57].

Es existieren folglich hinreichend Beispiele für die Möglichkeit der virtuellen
Fahrwerkregelfunktion- und Fahrwerkregelsystementwicklung. Weniger Arbeiten sind zur Analyse bestehender oder vernetzter Fahrwerkregelfunktionen vorhanden. Diese virtuelle Analyse der Fahrwerkregelfunktionen und -systeme
strebt eine Parameterstudie sowie die Erfassung von Interaktionen auf System-,
Funktions- und Fahrzeugebene an. Eine Verknüpfung von Modelleingangsgrö-
ßen (Parametern) und Modellausgangsgrößen (Objektivkennwerten) ermöglichen klassischerweise Methoden der statistischen Versuchsplanung. Diese
werden daher im Folgenden zusammenfassend vorgestellt.

2.4 Statistische Versuchsplanung und Sensitivitätsanalyse

Zur vollständigen und gleichzeitig effizienten Erfassung des Parameterraumes
werden die Parameter mit den im Folgenden eingeführten Methoden der statistischen Versuchsplanung variiert. Die resultierenden Auswirkungen auf
die Modellausgangsgrößen beziehungsweise Kennwerte setzen die im Anschluss vorgestellten Methoden der Sensitivitätsanalyse in Relation zu den
Parametervariationen.

Statistische Versuchsplanung

Die statistische Versuchsplanung (engl. *design of experiments, DoE*) umfasst die Planung und Analyse von physikalischen oder digitalen Experimenten. Insbesondere ist der Einfluss von Parametern X_i eines Modells auf Ausgangsgrößen Y_j von Interesse, wenn das Modell unbekannt oder sehr komplex ist. Die Parameter bilden mit den jeweiligen Grenzen einen sogenannten Parameterraum. Die Dimension dieses Raumes gleicht der Anzahl der betrachteten Parameter M. Für eine effiziente Analyse des Parameterraums $X_i \in \mathbf{X}^M$, ist die Wahl einer Anzahl von N Versuchen entscheidend. Dies gewinnt mit steigender Dimension M des Parameterraums und einer zunehmenden Modellrechenzeit an Bedeutung. Die Versuchsplanung verfolgt dabei zwei Ziele: Eine zufällige und eine zugleich möglichst homogene Analyse des Raumes.

SOBOL' [81] zeigt mit einer beispielhaften Analyse einer vermeintlich homogenen Abtastung des Raumes mithilfe eines Gitters die Notwendigkeit umfangreicherer Verteilungsmethoden auf. In der Dimension $M = 1$ liefert die gleichmäßige Verteilung von N Punkten für eine beispielhafte Funktion $Y = f(X_1)$ mit jedem Punkt mehr Aufschlüsse über die Funktion. Für die Dimension $M = 2$ hingegen erzeugt ein quadratisches Gitter unter Umständen redundante Informationen. Für eine zu untersuchende Funktion $Y = f(X_1, X_2)$, die maßgeblich von einem Parameter X_1 abhängig ist, lassen alle Punkte in X_2-Richtung keine neuen Erkenntnisse zu. Die Bedeutung dieser Problematik steigt mit zunehmender Dimension des Parameterraumes.

Um dem Ziel der zufälligen Verteilung nachzukommen, werden (Quasi-)Monte-Carlo (QMC) Methoden herangezogen [79]. Hierbei wird das Ziel verfolgt, Lücken und Gruppen zu vermeiden und wiederum homogen verteilte Punkte zu erzeugen. Ein Kriterium für die Homogenität ist die Diskrepanz der Verteilung [81]. Diese kann als Abweichung der Punktewolke von einem gleich-verteilten Gitter verbildlicht werden. Es ist folglich eine geringe Diskrepanz anzustreben. HICKERNELL [37] erweitert die etablierte Stern-Diskrepanz zu einer Wrap-around L_2-Diskrepanz, die unter anderem Anwendung in der Arbeit von FANG et al. [25] findet.

Unter Zuhilfenahme dieses Gütekriteriums lassen sich etablierte Methoden zur Generierung von Zufallszahlen bewerten. Hier sind insbesondere die am weitesten verbreitete Monte Carlo Methode mit dem Latin Hypercube Sampling (LHS) [55] sowie Zahlenfolgen wie die Halton [34] und Sobol' Sequenz [80] gegenüberzustellen. Das LHS verteilt Punkte zufällig in einem in Unterräume aufgeteilten Parameterraum. Die Homogenität wird folglich durch diese Gliederung des Raumes angestrebt. Die Halton und Sobol' Sequenz ziehen Zahlenfolgen zur Zufallszahlengenerierung heran. Die Ergebnisse dieser Folgen werden durch Mischen oder Auslassen weiter optimiert. Eine Gegenüberstellung dieser Methoden zeigt, dass die Wrap-around Diskrepanz eines LHS im Vergleich zu einer Monte Carlo Verteilung in Abhängigkeit der Parameteranzahl und Anzahl der Punkte bis zu einer Größenordnung kleiner ist. Die mithilfe der Halton und Sobol' Sequenz generierten Verteilungen reduzieren diese Diskrepanz wiederum um bis zu eine Größenordnung.

Die Analyse der aus einer Verteilung resultierenden Ergebnisse sowie die Überführung in Sensitivitätsindizes erfolgt im nächsten Teilabschnitt.

Sensitivitätsanalyse

Die Sensitivitätsanalyse setzt die Verteilung der Modellausgangsgrößen des analysierten Experiments oder Modells in Zusammenhang mit den Parametervariationen. Diese Variationen können sowohl auf eingeprägte und damit beabsichtigte Parametervariationen, als auch auf nicht vermeidbare Fertigungs- oder Prozessunsicherheiten von Parametern zurückgeführt werden. Es gilt folglich, die Unsicherheiten der Ausgangsgrößen Y_j mit den Unsicherheiten der Parameter X_i ins Verhältnis zu setzen [71]. Sofern lediglich Unsicherheiten für einen Arbeitspunkt zu analysieren sind, ist die Sensitivitätsanalyse als lokal einzustufen. Ein Beispiel hierfür ist eine partielle Ableitung $(\delta Y / \delta X)_{X=X_0}$ in einem entsprechenden Punkt X_0. Eine globale Analyse umfasst hingegen Parametereinflüsse im gesamten Betriebsbereich beziehungsweise Parameterraum.

Weiterhin wird hinsichtlich des Ziels der Analyse unterschieden. Eine Identifikation von nicht einflussreichen Parametern (engl. *screening*) verfolgt das Ziel des *factor fixing*. Anspruchsvoller gestalten sich Methoden zur Ordnung der Parametereinflüsse, der sogenannten *factor prioritisation*. Zuletzt können die Einflüsse mithilfe eines *factor mappings* in Gruppen eingeordnet werden. [73]

FERRETTI untersucht die Anzahl der Veröffentlichungen von Anwendungen verschiedener Sensitivitätsanalysemethoden. Demnach sind die am weitesten verbreiteten Methoden regressionsbasierte Analysen (30 % der veröffentlichten Anwendungen), varianzbasierte Sensitivitätsanalysen (27 %) und die sogenannte Elementareffektmethode (18 %) [26]. Ableitungs- und regressionsbasierte Methoden setzen eine Modelllinearität voraus. Die für die zugrundeliegende Arbeit relevanten Modelle können allerdings nichtlinearer Gestalt sein und es werden daher lediglich dafür geeignete Methoden betrachtet. Dafür sind neben der varianzbasierten Sensitivitätsanalyse nach SOBOL' (VBSA, [82]) und der Elementareffektmethode (EE, [60]) noch das Fourier Amplitude Sensitivity Testing (FAST, [13]) sowie die momentenunabhängige Methode PAWN [68] von Relevanz. Eine detaillierte Auflistung der vergangenen Forschungsfortschritte erfolgt durch BORGONOVO und PLISCHKE [7].

Eine effiziente Methode zum *factor fixing* wird von MORRIS [60] entwickelt. Ein jeder Parameter wird sukzessive einzeln an verschiedenen Orten im Parameterraum variiert. Dafür wird der Raum mithilfe von Trajektorien durchschritten. Zwei Punkte einer Trajektorie unterscheidet die Änderung eines Parameters und resultiert in einem Elementareffekt des veränderten Parameters. Alle Effekte eines Parameters x_i auf einen Kennwert Y_j werden durch den mittleren Einfluss $\mu_{i,j}$ und dessen Standardabweichung $\sigma_{i,j}$ charakterisiert [60]. Die Ermittlung des mittleren, absoluten Einflusses schließt ein Ausgleichen von gegensätzlichen Effekten aus und wird von CAMPOLONGO et al. [11] vorgestellt. Die ursprüngliche Positionierung der Trajektorien im Raum bietet Optimierungspotenzial hinsichtlich der homogenen Abdeckung des Parameterraums wie RUANO et al. [70] sowie GE et al. [29], [30] und [31] zeigen. CAMPOLONGO et al. zeigen weiterhin [12], dass die Trajektorien alternativ durch Sterne basierend auf beispielsweise einem Sobol' Sampling ersetzbar sind. Diese wesentlich homogenere Erfassung des Raumes ermöglicht die Berechnung von varianzbasierten Sensitivitätskennwerten, die neben der Parameterfixierung auch eine Parameterpriorisierung zulassen.

Varianzbasierte Sensitivitätsanalysemethoden nutzen die Tatsache, dass eine vollständige Varianz V eines Kennwertes Y in sogenannte bedingte Varianzen V_{X_i} dekomponiert werden kann. Dabei wird das Ziel verfolgt, die bedingten Varianzen bestimmter Parameter zu schätzen und dadurch deren Einflussanteil am Gesamteinfluss aller Parameter zu ermitteln. Eine bedingte Varianz V_{X_i}

des Parameters X_i beschreibt nach Gl. 2.1 die Differenz der totalen Varianz V und der mittleren Varianz bei Fixierung des Parameters an verschiedenen Orten im Raum. Dieser durch den Parameter unmittelbar hervorgerufene Effekt heißt bezogen auf die totale Varianz Haupteffekt S_i^{VBSA} und ist in Gl. 2.2 definiert. Zur Ermittlung des Einflusses eines Parameters unter Berücksichtigung von Interaktionen werden alle Parameter mit Ausnahme eines Parameters fixiert. Dies führt nach Gl. 2.3 zum sogenannten Totaleffekt $S_{\mathrm{T},i}^{\mathrm{VBSA}}$. Letzterer schließt folglich die Wechselwirkungseffekte des X_i Parameters mit allen anderen Parametern $X_{\sim i}$ ein.

$$V(Y) = E_{X_i}(V_{X_{\sim i}}(Y|X_i) + V_{X_i}(E_{X_{\sim i}}(Y|X_i)) \qquad \text{Gl. 2.1}$$

$$S_i^{\mathrm{VBSA}} = \frac{V_{X_i}(E_{X_{\sim i}}(Y|X_i))}{V(Y)} = V_i/V \qquad \text{Gl. 2.2}$$

$$S_{\mathrm{T},i}^{\mathrm{VBSA}} = 1 - \frac{V_{X_i}(E_{X_{\sim i}}(Y|X_{\sim i}))}{V(Y)} = \frac{E_{X_{\sim i}}(V_{X_i}(Y|X_{\sim i}))}{V(Y)} \qquad \text{Gl. 2.3}$$

Die bedingten Varianzen lassen sich nicht unmittelbar berechnen und es bedarf sogenannter Schätzer, die von SALTELLI et al. [72] zusammengefasst sind. Daraus sind die in dieser Arbeit verwendeten Schätzer im Folgenden vorgestellt. Es seien die Parameter des Versuchsplans in zwei Matrizen $\mathbf{A}$ und $\mathbf{B}$ der Dimensionen $N \times M$ zusammengefasst. Aus diesen beiden Matrizen wird eine dritte Matrix $\mathbf{A_B}^{(i)}$ erzeugt. Diese Matrix resultiert durch Ersetzen der i-ten Spalte der Matrix $\mathbf{A}$ durch diejenige der Matrix $\mathbf{B}$. Basierend auf diesen Matrizen lassen sich die Haupt- und Totaleffekte mithilfe der in Gl. 2.4 und Gl. 2.5 vorgestellten Schätzer ermitteln.

$$S_i^{\mathrm{VBSA}} V(Y) = \frac{1}{N} \sum_{j=1}^{N} f(\mathbf{B})_j \left(f(\mathbf{A_B}^{(i)})_j - f(\mathbf{A})_j \right), \, [72] \qquad \text{Gl. 2.4}$$

$$S_{\mathrm{T},i}^{\mathrm{VBSA}} V(Y) = \frac{1}{2N} \sum_{j=1}^{N} \left(f(f(\mathbf{A})_j - \mathbf{A_B}^{(i)})_j \right)^2, \, [45] \qquad \text{Gl. 2.5}$$

Eine alternative Ermittlung der bedingten Varianzen verfolgt die Methode des *Fourier amplitude sensitivity testing* (FAST), entwickelt von CUKIER et al. [13]. Dafür wird die multidimensionale Durchschreitung des Parameterraums nach

SOBOL' durch eine eindimensionale, periodische Funktion, entwickelt von KODA et al. [48], ersetzt. Diese setzt sich durch sinusförmig oszillierende Anteile aller Parameter zusammen. Jedem Parameter wird dafür eine definierte Frequenz zugeordnet. Somit lässt sich die Modellausgangsgröße unter Zuhilfenahme einer Fourier Transformation zerlegen. Mithilfe der Fourierkoeffizienten sind die bedingten Varianzen und damit auch die Haupteffekte der Parameter bestimmbar. Erst eine Erweiterung durch SALTELLI [75] et al. ermöglicht gleichzeitig die Ermittlung der Totaleffekte und damit das Erfassen von Wechselwirkungen. Diese erweiterte FAST-Methode (eFAST) erfordert eine Veränderung des Versuchsplans.

Varianzbasierte Methoden setzen eine symmetrische Verteilung der Modellausgangsgrößen voraus. Diese Einschränkung überkommen die momentenunabhängigen Methoden. Diese charakterisieren die Modellausgangsgrößen mithilfe von Wahrscheinlichkeitsdichtefunktionen und kumulierten Dichtefunktionen [6], [52]. Hier ist insbesondere die 2015 vorgestellte PAWN Methode, benannt nach deren Entwicklern, zu nennen [67], [68]. Die Methode generiert beschränkte und unbeschränkte Versuchspläne und bestimmt die resultierenden kumulierten Dichtefunktionen. Mithilfe der Abstände dieser Funktionen lässt sich der Totaleffekt eines Parameters quantifizieren. Für asymmetrische Verteilungen zeigt diese Vorgehensweise gemäß ZADEH et al. [99] Konvergenz- und Genauigkeitsvorteile gegenüber einer SOBOL'-Analyse. Die Annäherungsstrategie der Dichtefunktionen bedarf hingegen noch weiterer Untersuchungen, wie PLISCHKE et al. [69] publizieren. Weiterhin ist eine Bestimmung der Haupteffekte nicht möglich.

Zuletzt ist die Frage nach der Güte der nach einer definierten Modellevaluationszahl ermittelten Sensitivitätsindizes und somit deren Konvergenzgrad zu beleuchten. VANROLLEGHEM et al. [89] schlagen einen Vergleich von zwei aufeinanderfolgenden Berechnungen der Sensitivitätsindizes vor. Weicht der mittlere Sensitivitätsindex dieser beiden Iterationen um weniger als $\pm 3,5\,\%$ voneinander ab, ist die Konvergenz erreicht. Für diese Vorgehensweise werden allerdings alle vorherigen Indexdifferenzen vernachlässigt.

HERMAN et al. [36] verwenden ein Bootstrapping zur Konvergenzbewertung. Das Bootstrapping-Verfahren wird von EFRON [21] eingeführt. Es erfolgt ein wiederholtes Ziehen mit Zurücklegen von Teilmengen aus einem bestehenden

Ergebnissatz. Für jede Teilmenge erfolgt eine erneute Berechnung von Sensitivitätsindizes. Das 95 %-Konfidenzintervall dieser mithilfe des Bootstrappings ermittelten Sensitivitätsindizes dient der Abschätzung der Ergebnisgüte und somit Konvergenz. Das Intervall muss für eine erfolgreiche Konvergenz nach HERMAN et al. kleiner als 10 % des einflussreichsten Sensitivitätsindex betragen.

Dieses Kriterium greifen SARRAZIN et al. [76] auf. Die Gruppe wendet es auf drei Sensitivitätsanalysemethoden zur Erfassung der Zusammenhänge in einem Umweltmodell an. Die Konvergenz wird in drei Stufen unterschieden. Eine Konvergenz der Parametersichtung, der Einflussreihenfolge und der Indizes selbst. Die Sichtungskonvergenz $\mathrm{Stat}_{\mathrm{screening}}(S_i)$ des Indexes S_i ist in Gl. 2.6 definiert. Die Konvergenz wird durch die maximale Intervalllänge $\left(S_i^{\mathrm{ub}} - S_i^{\mathrm{lb}}\right)$ aller nicht-einflussreichen Parameter X_0 mit einem Sensitivitätsindex kleiner als 0,05 bestimmt. Dies stellt sicher, dass keiner der nicht-einflussreichen Parameter in späteren Iterationen einen signifikanten Einfluss aufweist. Durch Anwendung dieses Kriteriums auf die Gesamtmenge der Sensitivitätsindizes lässt sich die vollständige Konvergenz $\mathrm{Stat}_{\mathrm{indices}}(S_i)$ des Indexes S_i ermitteln. Dafür wird die maximale Intervalllänge gemäß Gl. 2.7 berechnet.

$$\mathrm{Stat}_{\mathrm{screening}} = \max_{X_i \in X_0} \left(S_i^{\mathrm{ub}} - S_i^{\mathrm{lb}}\right), \quad X_0 = \{X_i | S_i < 0,05\} \qquad \text{Gl. 2.6}$$

$$\mathrm{Stat}_{\mathrm{indices}} = \max_{i=1\ldots M} \left(S_i^{\mathrm{ub}} - S_i^{\mathrm{lb}}\right) \qquad \text{Gl. 2.7}$$

Wiederum ist eine Konvergenz erreicht, sobald diese maximale Intervalllänge einen Wert von 0,05 unterschreitet. In beiden Fällen werden die Intervallgrenzen S_i^{lb} und S_i^{ub} für eine möglicherweise schiefe Verteilung mit einem Verfahren nach DiCICCIO und EFRON [20] abgeschätzt. Dieses beinhaltet eine Offset-Korrektur.

Die Konvergenz der Einflussreihenfolge $\mathrm{Stat}_{\mathrm{ranking}}(S_i)$ erfordert eine andere Vorgehensweise. Dafür ist in Gl. 2.8 die Unstimmigkeit der Rankings R_i^j and R_i^k aller Paare (j, k) innerhalb der Bootstrappingergebnisse bestimmt. Die Konvergenz der Einflussreihenfolge wird anhand des 95 %-Quantils $\underset{j,k}{Q_{0,95}}(\rho_{s,j,k})$

gemäß Gl. 2.9 bestimmt. Sobald dieses Quantil aller Paare unter den Grenzwert von eins fällt, ist die Konvergenz erreicht.

$$\rho_{s,j,k} = \sum_{i=1}^{M} \left| R_i^j - R_i^k \right| \frac{\max_{j,k} \left(S_i^j, S_i^k \right)^2}{\sum_{i=1}^{M} \max_{j,k} \left(S_i^j, S_i^k \right)^2} \qquad \text{Gl. 2.8}$$

$$\text{Stat}_{\text{ranking}} = Q_{0,95}_{j,k} \left(\rho_{s,j,k} \right) \qquad \text{Gl. 2.9}$$

Untersuchungen von HSIEH et al. [38] bestätigen die ursprünglich von HERMAN et al. postulierte Konvergenzgrenze von 0,10. Anhand der genannten Kriterien und dieses Grenzwerts können die Sensitivitätsanalysemethoden hinsichtlich ihrer Recheneffizienz gegenübergestellt werden. Dafür werden alle Methoden auf eine mathematische Testfunktion angewendet. Die etablierte sogenannte G-Funktion stellen SALTELLI und SOBOL' [74] vor. Diese Funktion ist in Gl. 2.10 definiert. Die Einflussgröße aller Parameter X_i ist über die zugehörigen Koeffizienten a_i konfigurierbar.

$$f(X_i) = \prod_{i=1}^{M} \frac{|4X_i - 2| + a_i}{1 + a_i}, \quad a_i \geq 0, \quad X_i \in [0, 1] \qquad \text{Gl. 2.10}$$

Es zeigt sich, dass die Konvergenz der PAWN Methode einer varianzbasierten Sensitivitätsanalyse nach Sobol' auch bei einer asymmetrischen Verteilung nicht eindeutig überlegen ist. Die Elementareffektmethode identifiziert nicht-einflussreiche Parameter schneller. Eine Kombination der Elementareffektmethode und der varianzbasierten Sensitivitätsanalyse nach SOBOL' findet in der Fahrwerkregelsystemsimulation Anwendung [9].

KVASNICKA und SCHMIDT [51] zeigen die Grundauslegung von passiven Fahrwerkskomponenten. Für die Einflusskettenanalysen wird eine Sensitivitätsanalyse herangezogen. Diese umfasst singuläre Parametervariationen ohne Wechselwirkungseffekte zu erfassen. Im Folgenden ist der vorgestellte, für diese Arbeit relevante Stand der Technik zusammengefasst und der resultierende Handlungsbedarf abgeleitet.

2.5 Identifikation des Forschungsbedarfes

Basierend auf den vorgestellten an diese Arbeit grenzenden Forschungsgebieten sowie den jeweiligen Forschungsständen gilt es, die Forschungsfrage abzuleiten. Dafür sind die Forschungsstände in Tabelle 2.3 zusammenfassend dargestellt.

Tabelle 2.3: Die Zusammenfassung der Forschungsstände in den betrachteten Forschungsfeldern offenbart hinreichende Fortschritte in Einzeldomänen und Potenzial einer durchgängigen, virtuellen Entwicklung vernetzter Fahrwerkregelsysteme.

Forschungsgebiet	Fortschritt
Entwicklungsmethoden für mechatronische Systeme	●
Simulation und Objektivierung konventioneller Fahrwerke	●
Simulation und Objektivierung vernetzter Fahrwerkregelsysteme	◐
Statistische Versuchsplanung und Sensitivitätsanalyse	◕
Integration von statistischen Methoden in die virtuelle Fahrwerkregelsystemanalyse	◐
Durchgängige, virtuelle Fahrwerkregelsystementwicklung	◐

Es ist festzuhalten, dass die Methoden für eine domänenübergreifende Entwicklung mechatronischer Systeme hinreichend entwickelt sind und Anwendung finden. Ein Vorgehen entsprechend des V-Modells nach VDI 2206 sowie Erweiterungen davon sind teilweise und für verschiedene Abschnitte der Entwicklung etabliert. Die Verknüpfung der Fahrzeug- und Systemebene mithilfe einer funktionsorientierten Entwicklung gemäß der in Abbildung 2.1 skizzierten Vorgehensweise ist hingegen noch nicht etabliert. Hinsichtlich der virtuellen Fahrzeugentwicklung ist festzuhalten, dass die Simulation und Objektivierung konventioneller Fahrzeuge gemessen an den angeführten Publikationen fester Bestandteil der Entwicklung sind. Ebenso existieren Arbeiten zur individuellen, virtuellen Analyse von Fahrwerkregelsystemen. Hinsichtlich einer Objektivierung für Fahrzeuge mit geregelten Fahrwerken besteht allerdings noch Forschungsbedarf.

Die virtuelle Analyse vernetzter Fahrwerkregelfunktionen und -systeme erfordert Methoden zur Erfassung von Parametereinflüssen sowie Wechselwirkungseffekten. Diese ermöglichen eine strukturierte Auslegung und Applikation der Fahrwerkregelsysteme. Dafür sind die Methoden der statistischen Versuchsplanung und Sensitivitätsanalyse geeignet. Diese verfügen über einen ausgeprägten Reifegrad, finden allerdings bisher vornehmlich Anwendung in anderen Forschungsgebieten. Eine umfangreiche Überprüfung der Anwendbarkeit dieser Methoden ist ausstehend.

Weiterhin erfolgen die angeführten Analysen der Fahrwerkregelsysteme noch nicht kontinuierlich durch den Entwicklungsprozess. Es bedarf einer entsprechenden Simulationsplattform sowie der Integration der angeführten Methoden zur Analyse von Interaktionen auf Fahrzeugebene. Diese virtuelle, individuelle Fahrwerkregelsystemanalyse findet aktuell vornehmlich in der Entwurfsphase statt. Eine durchgängige Integration in den Entwicklungsprozess bis in die Integrationsphase ist ausstehend.

Die Forschungslücke besteht folglich aus einer virtuellen Entwicklungsplattform zur bereichsübergreifenden, durchgängigen Entwicklung von Fahrwerkregelsystemen. In diese Plattform sind die aufgeführten Methoden zu integrieren. Die resultierenden Anforderungen an die Arbeit $A_{ges,1}$ bis $A_{ges,10}$ sind in Tabelle 2.4 zusammengefasst. Zunächst ist der bestehende Entwicklungsprozess zu analysieren ($A_{ges,1}$) und im Anschluss unter Berücksichtigung virtueller Entwicklungsmethoden zu aktualisieren ($A_{ges,2}$). Dabei sind bestehende und neu entwickelte Fahrwerkregelsysteme und -funktionen zu berücksichtigen und hinsichtlich ihres Einflusses auf die Fahrzeugeigenschaften zu überprüfen ($A_{ges,3}$). Basierend auf diesen Einflusszusammenhängen sind Funktions- und Systemkonfigurationen auszuwählen ($A_{ges,4}$). Des Weiteren ist eine virtuelle Basisapplikation der Funktionen in der Entwurfs- und Integrationsphase zu bestimmen ($A_{ges,5}$). Den Abschluss der Entwurfsphase bilden eine Spezifikation der ausgewählten Funktionen und Systeme ($A_{ges,6}$), sodass eine domänenspezifische Entwicklung der zugehörigen Komponenten erfolgt. Die resultierende Gesamtfahrzeugkonfiguration ist hinsichtlich ihrer Robustheit auf Änderungen der Fahrzeugparameter zu bewerten ($A_{ges,7}$).

Der Prozessaktualisierung liegt eine durchgängige Integration einer virtuellen Entwicklungsumgebung zugrunde. Diese gilt es zu zu entwerfen ($A_{ges,8}$). Dabei sind für diese Erweiterung notwendige Entwicklungsmethoden zu integrieren. Nach Abschluss der Konzeptionierung, ist die Umgebung zu entwickeln und insbesondere zu validieren ($A_{ges,9}$). Abschließend ist auch der aktualisierte Entwicklungsprozess anhand von geeigneten exemplarischen Anwendungen zu Validieren ($A_{ges,10}$). Die Aktualisierung des Entwicklungsprozesses wird

Tabelle 2.4: Definition der Anforderungen an die Arbeit.

Anf.	Beschreibung
$A_{ges,1}$	Analyse und Bewertung des bestehenden Entwicklungsprozesses für Fahrwerkregelsysteme und -funktionen.
$A_{ges,2}$	Aktualisierung des Entwicklungsprozesses unter Berücksichtigung der virtuellen Entwicklung sowie Ableitung der dafür notwendigen Methoden.
$A_{ges,3}$	Bewertung bestehender und neuer Fahrwerkregelsysteme und -funktionen hinsichtlich des Einflusses auf Fahrzeugeigenschaftsziele.
$A_{ges,4}$	Strukturierte Ableitung von Funktions- und Systemkonfigurationen für eine bestmögliche Erreichbarkeit der Fahrzeugeigenschaftsziele.
$A_{ges,5}$	Ermittlung einer Basisapplikation der Funktionen in der Entwurfs- und Integrationsphase der Entwicklung.
$A_{ges,6}$	Ableitung von Funktions- und Systemanforderungen in der Entwurfsphase.
$A_{ges,7}$	Robustheitsanalyse der ermittelten Gesamtfahrzeugkonfigurationen.
$A_{ges,8}$	Entwurf einer virtuellen Entwicklungsumgebung basierend auf der Prozessaktualisierung und den ausgewählten Methoden.
$A_{ges,9}$	Entwicklung und Validierung der konzipierten Entwicklungsumgebung sowie Integration in den Entwicklungsprozess.
$A_{ges,10}$	Validierung des aktualisierten Prozesses anhand exemplarischer Anwendung.

im folgenden Kapitel untersucht. Im Anschluss ist die Grundlage für eine zugrundeliegende Simulationsumgebung abgeleitet. Das Kapitel 5 stellt die Ergebnisse einer Integration von Sensitivitätsanalysemethoden vor.

3 Auslegungsmethodik und Aktualisierung des Entwicklungsprozesses

Dieses Kapitel untersucht den Entwicklungsprozess für Fahrwerkregelsysteme hinsichtlich des Potenzials der Integration von virtuellen Entwicklungsmethoden. Dafür werden zunächst aufbauend auf den in Kapitel 2 vorgestellten Forschungsstand Anforderungen an den aktualisierten Prozess definiert. Aufbauend darauf erfolgt die Erarbeitung des aktualisierten Prozesses. Die einzelnen Prozessschnitte werden im Anschluss näher erläutert.

3.1 Anforderungen an den Entwicklungsprozess

Die in Kapitel 2 identifizierte Forschungslücke ist durch eine durchgängige Anwendung virtueller Entwicklungsmethoden zu füllen. Dieser Abschnitt definiert die Anforderungen an diese Methoden. Die bisher etablierten Vorgehensweisen sehen eine ebenenspezifische Unterstützung virtueller Methoden innerhalb des Prozesses vor. Diese Integration der virtuellen Entwicklung ist in Abbildung 3.1 abstrahiert dargestellt. Simulationsmodelle verknüpfen auf Gesamtfahrzeugs-(G), Funktions- (F) und Systemebene (S) die jeweiligen Parameter X mit den zugehörigen Kennwerten Y. Die virtuelle Entwicklung verknüpft folglich allerdings die Ebenen nicht. Des Weiteren erfolgt keine durchgängige Anwendung der Simulationsmodelle.

Eine solche Methode zur strukturierten Verknüpfung der Gesamtfahrzeug-, Funktions- und Systemebene im Entwurfsast des V-Modells ist nicht etabliert. Es wird bisher auf Erfahrungswissen oder ein Wissensmanagementsystem zurückgegriffen. Diese spezifische Anwendung verschiedener Methoden ist durch

© Der/die Autor(en), exklusiv lizenziert durch
Springer Fachmedien Wiesbaden GmbH, ein Teil von Springer Nature 2021
C. Braunholz, *Integration von Sensitivitätsanalysemethoden in den Entwicklungsprozess für Fahrwerkregelsysteme*, Wissenschaftliche Reihe Fahrzeugtechnik Universität Stuttgart,
https://doi.org/10.1007/978-3-658-33359-1_3

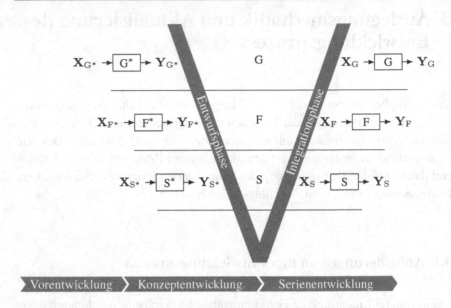

Abbildung 3.1: Nicht durchgängige Verknüpfung von ebenenspezifischen Gesamt-
fahrzeugs-, Funktions- und Systemparametern mit ihren zugehörigen
Kennwerten mithilfe eines Simulationsmodells.
G: Gesamtfahrzeug, F: Funktion, S: System, X: Parameter, Y: Kennwert, □: Modell, *: Spezifikation

eine durchgängige Integration der virtuellen Methoden in den V-Entwicklungs-
prozess zu ersetzen. Ziel im Entwurfsast ist es, mithilfe der virtuellen Entwicklungsmethoden ein virtuelles Gesamtfahrzeug zu analysieren und strukturiert notwendige Funktionen und Systeme zur Zielerreichung der definierten Fahrzeugeigenschaftsziele abzuleiten. Die in den abgeleiteten Funktions-
und Systemkonfigurationen enthaltenen Funktionen und Systeme sind für die
domänenspezifische Entwicklung zu spezifizieren. Um eine Durchgängigkeit
zu gewährleisten, sind diese Methoden auch während der Integrationsphase
heranzuziehen. Es sind die definierten Eigenschaftsziele zu verifizieren. Des
Weiteren ist eine Basisapplikation der Funktionen X_F zu ermitteln.

Die aus dieser Zielsetzung resultierenden Anforderungen an die zu integrieren-
den Methoden sind in Tabelle 3.1 zusammengefasst. Zunächst ist die angeführte
Verknüpfung der Entwicklungsebenen gemäß der ersten Anforderung an den

Prozess $A_{P,1}$ zu ermöglichen. Diese Verknüpfung gewährleistet noch keine automatische Funktions- oder Systemauswahl. Eine strukturierte Auswahl der jeweiligen Konfigurationen ist daher in der Anforderung $A_{P,2}$ festgehalten. Die Analyse und Auswahl muss auch neue oder unbekannte Konfigurationen einschließen, was durch Anforderung $A_{P,3}$ repräsentiert wird. Innerhalb der Phase der Fahrzeugintegration ist nach Anforderung $A_{P,4}$ eine Basisapplikation der Funktionen zu bestimmen. Weiterhin ist eine Einflussmatrix zwischen Funktionsparametern und Fahrzeugeigenschaftszielen zur Unterstützung der Applikation im Fahrversuch abzuleiten. Dies fasst die Anforderung $A_{P,5}$ zusammen. Zuletzt strebt die Prozessaktualisierung im Sinne kürzer Entwicklungszyklen mit der Anforderung $A_{P,6}$ eine Effizienzsteigerung der bisherigen Vorgehensweise an.

Tabelle 3.1: Definition der Anforderungen an den aktualisierten Entwicklungsprozess für Fahrzeuge mit Fahrwerkregelfunktionen und -systemen.

Anf.	Beschreibung
$A_{P,1}$	Verknüpfung der Entwicklungsebenen Fahrzeug, Funktion und System im Entwurfsast
$A_{P,2}$	Strukturierte Ableitung der Funktions- und Systemkonfiguration
$A_{P,3}$	Erfassung unbekannter Konfigurationen von Fahrwerkregelfunktionen und -systemen, Aufbau von Wirkkettenverständnis dieser Konfigurationen
$A_{P,4}$	Ermittlung einer Basis-Funktionsapplikation hinsichtlich der Fahrzeugeigenschaftsziele
$A_{P,5}$	Unterstützung der Funktionsapplikation im Fahrversuch, Identifikation von Wechselwirkungen
$A_{P,6}$	Effiziente Durchführbarkeit des virtuellen Entwicklungsprozesses innerhalb zukünftiger, verkürzter Fahrzeugentwicklungszeiträume

Basierend auf diesen Anforderungen ist im Folgenden die notwendige Aktualisierung des Entwicklungsprozesses zu definieren.

3.2 Definition des aktualisierten Entwicklungsprozesses

Die Grundlage für die Aktualisierung des Prozesses besteht aus einer durchgängig anwendbaren Entwicklungsumgebung. Dieses erlaubt eine ganzheitliche Betrachtung der Auswirkungen einer Fahrzeug-, Funktions- oder Systemveränderung und verknüpft folglich die Entwicklungsebenen. Die Entwicklung dieser Umgebung erfolgt in Kapitel 4.

Im Wesentlichen ermöglicht die virtuelle Entwicklung in der Entwurfsphase ein Kaskadieren von Fahrzeugeigenschaftszielen herunter auf Funktions- und Systemmodelle, die eine Spezifikation repräsentieren. Nach Entwicklung dieser ist im Integrationsast die umgekehrte Vorgehensweise angestrebt. Detailliertere Funktions- und Systemmodelle werden in ein virtuelles Gesamtfahrzeug integriert. Dieses aktualisierte Modell überprüft eine Erreichbarkeit der definierten Fahrzeugeigenschaftsziele. Diese Vorgehensweise ist im Folgenden zu konkretisieren und anschließend in einen Prozess zu überführen.

Während der Entwurfsphase wird es angestrebt, von definierten Fahrzeugeigenschaftszielen $\mathbf{Y}_G^*$, die für eine Erreichung notwendigen Funktions- $\mathbf{Y}_F^*$ und Systemspezifikationen abzuleiten $\mathbf{Y}_S^*$. In dieser Phase stellen insbesondere die Funktions- und Systemkonfigurationen und die zugehörigen Funktions- $\mathbf{X}_F^*$ und Systemparameter $\mathbf{X}_S^*$ die Freiheitsgrade dar. Eine Erweiterung des Parameterraumes um die Gesamtfahrzeugparameter $\mathbf{X}_G^*$ ist ebenfalls denkbar, allerdings nicht Untersuchungsgegenstand der Arbeit.

In der Integrationsphase hingegen ist die Konfiguration des Gesamtfahrzeuges bekannt und die Gesamtfahrzeug- $\mathbf{X}_G$ und Systemparameter $\mathbf{X}_S$ sind festgelegt. Es ist zu validieren, ob die spezifizierten Fahrzeugeigenschaftsziele erreicht werden können. Den verbliebenen Freiheitsgrad repräsentieren die Parameter der Funktionen $\mathbf{X}_F$. Für diese ist eine Basisapplikation abzuleiten, bevor abspringend auf der virtuell ermittelten Basis in einer finalen Entwicklungsphase eine Validierung im integrierten Fahrzeugprototyp stattfindet.

Diese Prozessschritte der Entwicklung sind für die Entwurfsphase in Abbildung 3.2 zusammengefasst. Den Prozesseingang stellen Fahrzeugeigenschaftsziele für ein ausgewähltes Gesamtfahrzeug dar. Im Fokus stehen Ziele der Fahrzeugquerdynamik. Für diese Fahrzeugauswahl ist zunächst das virtuelle

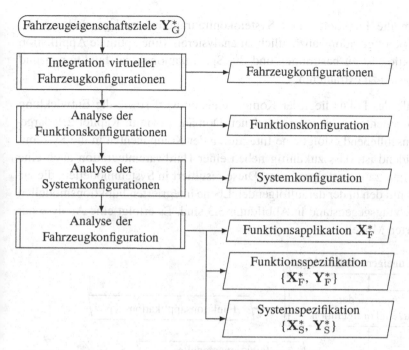

Abbildung 3.2: Programmablaufplan (nach DIN 66001 [62]) des aktualisierten Entwicklungsprozesses für Fahrzeuge mit vernetzten Fahrwerkregelsystemen und -funktionen in der Entwurfsphase.

Gesamtfahrzeug zu integrieren, sodass Fahrzeugkonfigurationen vorliegen und in der angestrebten Entwicklungsumgebung analysierbar sind. Diese Konfigurationen beinhalten verschiedene Fahrwerkregelfunktionen und -systeme, die jeweils über die zugehörigen Parameter applizierbar sind.

In einem nächsten Schritt ist der Raum der möglichen Funktionskonfigurationen zu analysieren und eine hinsichtlich der Fahrzeugeigenschaftsziele bestmögliche Funktionskonfiguration festzulegen. Hier besteht die Herausforderung darin, dass der Raum der Systemkonfigurationen und -parameter noch nicht definiert ist und eine Einschränkung zu vermeiden ist. Diese Systemkonfiguration ist erst in dem nachfolgenden Prozessschritt durch eine Analyse der zur Verfügung stehenden Systemkonfigurationen zu ermitteln.

Nachdem die Funktions- und Systemkonfiguration festgelegt sind, ist die Fahrzeugkonfiguration ganzheitlich zu analysieren. Eine optimale Applikation der Funktion ist zu bestimmen und die Spezifikationen der Funktionen und Systeme sind zu extrahieren.

Außerhalb des Fokus liegt der Komponentenentwurf sowie die Entwicklung der Komponenten in den verschiedenen Domänen, wie in Kapitel 2.1 dargestellt. Anschließend erfolgt eine Integration der Komponenten in die Systeme. Entscheidend ist, dass zukünftig neben einer Hardwareintegration auch eine digitale Integration erfolgen muss. Diese resultiert in Systemmodellen, die zusammen mit den in der darauffolgenden Ebene integrierten Funktionsmodellen Untersuchungsgegenstand in Abbildung 3.3 sind. Es erfolgt eine Analyse der integrierten Modelle.

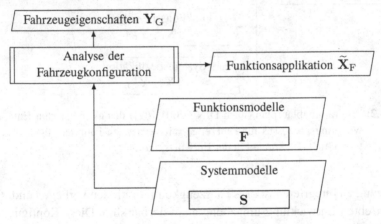

Abbildung 3.3: Programmablaufplan (nach DIN 66001 [62]) des aktualisierten Entwicklungsprozesses für Fahrzeuge mit vernetzten Fahrwerkregelsystemen in der Integrationsphase.

Die System-, Funktions- und Gesamtfahrzeugmodelle der während der Entwurfsphase verwendeten Simulationsumgebung sind im Integrationsast zu aktualisieren. Diese aktualisierte Fahrzeugkonfiguration ist hinsichtlich ihrer Fahrzeugeigenschaften zu überprüfen. Diese sind mit den zum Prozesseingang definierten Fahrzeugeigenschaftszielen abzugleichen. Eine Diskrepanz ist zu diesem Zeitpunkt noch über die Parameter aller nicht in Hardware umgesetzten

Bestandteile möglich. Dies umfasst die Funktionen, sodass im Rahmen der Analyse eine hinsichtlich der Eigenschaftsziele optimale Funktionsapplikation $\widetilde{X}_F$ ermittelt wird. Diese stellt die Grundlage für die Gesamtfahrzeugintegration auf Hardwareebene dar und ist im Fahrversuch zu verifizieren.

Für die Durchführung der definierten Prozessschritte sind im Folgenden geeignete Methoden abzuleiten. Im Anschluss findet eine Konkretisierung der Schritte unter Einbindung der ausgewählten Methoden statt.

3.3 Ableitung der notwendigen Entwicklungsmethoden

Unter Berücksichtigung der definierten Anforderungen sowie des definierten Prozesses sind geeignete Entwicklungsmethoden zu identifizieren. Gemäß Kapitel 2 sind dafür Methoden der iterativen Auslegung, der Optimierung, der Sensitivitätsanalyse und des Wissensmanagements geeignet und zum Teil bereits etabliert. Das Wissensmanagement beschreibt dabei die Vorgehensweise, bereits ermitteltes Wissen strukturiert und aufbereitet in Datenbanken zu konservieren. Es erlaubt folglich den unmittelbaren Zugriff auf bekanntes Wissen, um diese für neue Entscheidungen heranzuziehen. Alle genannten Methoden sind in Tabelle 3.2 den Anforderungen gegenüber-gestellt, um eine oder mehrere geeignete Methoden auszuwählen.

Ein iterativer Auslegungsprozess zur Zielkaskadierung in der Entwurfsphase ist beispielsweise in [77] vorgestellt. Die Funktions- und Systemauswahl erfolgt allerdings über ein Wissensmanagementsystem und kann im iterativen Auslegungsprozess nicht unmittelbar abgeleitet werden, da einflussreiche Parameter nicht bekannt sind ($A_{P,2}$). Unbekannte Konfigurationen werden in der iterativen Auslegung erfasst und können analysiert werden ($A_{P,3}$). Eine virtuelle Basisapplikation der Funktionen im Integrationsast kann iterativ nur bedingt ermittelt werden ($A_{P,4}$). Im Gegensatz zur Entwurfsphase ist die Modellkomplexität signifikant gestiegen und die Parametereinflüsse sind nicht transparent ($A_{P,5}$). Ebenso unterstützt ein iteratives Vorgehen ohne Zuhilfenahme weiterer Methoden die Applikation im Fahrversuch nicht. Der

Tabelle 3.2: Gegenüberstellungen der definierten Anforderungen mit ausgewählten Entwicklungsmethoden, mit denen die im Entwicklungsprozess notwendigen Schritte durchgeführt werden können.

Anforderung	Iterative Auslegung	Optimierungs-algorithmen	Sensitivitäts-analyse	Wissens-management
$A_{P,1}$: Verknüpfung	◐	○	●	●
$A_{P,2}$: Ableitung	○	◑	●	●
$A_{P,3}$: Wirkketten	●	◑	●	○
$A_{P,4}$: Applikation	◖	●	◑	◕
$A_{P,5}$: Wechselwirkung	○	○	●	◑
$A_{P,6}$: Effizienz	●	○	◕	●

Vorteil der iterativen Auslegung besteht in einer sehr hohen Prozesseffizienz $(A_{P,6})$.

Die Optimierungsalgorithmen, wie beispielsweise der in Abschnitt 2.2 angeführte Solution Space Algorithmus, ermitteln keine transparente Verknüpfung der Entwicklungsebenen $(A_{P,1})$. Ein Optimum der Funktions- und Systemkombinationen ist für bekannte und unbekannte Konfigurationsmöglichkeiten ermittelbar, erfordert allerdings einen hohen Rechenaufwand und ist in verkürzten Entwicklungszyklen nicht anwendbar $(A_{P,6})$. Insbesondere wird durch den Optimierungsalgorithmus kein Verständnis über den Weg zur Zielerreichung generiert und der Prozess ist für jede Modifikation der Problemstellung zu wiederholen. Die Einflusszusammenhänge der Wirkketten sind folglich nicht bekannt $(A_{P,3})$. Eine optimale Basisapplikation oder ein Lösungsband sind ermittelbar $(A_{P,4})$. Die für den Fahrversuch relevanten Informationen über Wechselwirkungen und Parametereinflüsse sind allerdings nicht identifizierbar $(A_{P,5})$.

Sensitivitätsanalysemethoden dienen, wie in Abschnitt 2.4 zusammengefasst, der Ermittlung sowie Offenlegung von Zusammenhängen von Parametern und Kennwerten. Sofern ein ebenenübergreifendes Entwicklungsmodell vorliegt, sind diese Zusammenhänge folglich auch übergreifend ermittelbar ($A_{P,1}$). Dabei sind insbesondere umfangreiche und unbekannte Modelle keine Herausforderung ($A_{P,2}$). Auch Wechselwirkungen werden qualitativ und quantitativ erfasst. Das gewonnene Wissen über unbekannte Konfigurationen kann visualisiert und konserviert werden ($A_{P,3}$). Eine automatisierte Bestimmung eines Applikationsbandes oder einer global-optimalen Applikation ist nicht möglich ($A_{P,4}$). Die Prozesseffizienz ist größer im Vergleich zur Optimierung einzustufen, allerdings dennoch aufgrund der notwendigen hohen Anzahl an Simulationsdurchführungen als gering einzustufen ($A_{P,6}$).

Ein Wissensmanagementsystem stellt eine effiziente Methode zur Verknüpfung der Entwicklungsebenen dar ($A_{P,1}$, $A_{P,6}$). Auch die System- und Funktionskonfiguration aus bekannten Verknüpfungen können unmittelbar ermittelt werden ($A_{P,2}$). Nicht dokumentierte Zusammenhänge sind hingegen ausgenommen von diesem Prozess ($A_{P,3}$). Weiterhin kann die Funktionsapplikation durch ein Wissensmanagement nur unterstützt werden, wenn zuvor eine Vielzahl an Applikationen der gleichen Konfiguration identifiziert wurden und daraus Zusammenhänge ermittelt werden können ($A_{P,4}$, $A_{P,5}$).

Anhand dieser Gegenüberstellung zeigt sich, dass die Kombination einer Sensitivitätsanalyse und eines Wissensmanagementsystems die Anforderungen bestmöglich erfüllt. Entscheidungen für bekannte Zusammenhänge können effizient mithilfe des Wissensmanagements abgeleitet werden. Neue Konfigurationen hingegen werden in einer Sensitivitätsanalyse identifiziert und anschließend in ein Wissensmanagement überführt. Aufgrund existierender Arbeiten zur Integration des Wissensmanagements, liegt der Fokus im Folgenden auf den Sensitivitätsanalysemethoden. Die Optimierungsalgorithmen können die Güte einer Funktionsapplikation noch potentiell erhöhen, sind allerdings nicht mehr Untersuchungsgegenstand dieser Arbeit. Diese Methodenauswahl wird im Folgenden in die Schritte des definierten Entwicklungsprozesses integriert.

3.4 Integration virtueller Fahrzeugkonfigurationen

Die Basis für eine virtuelle Fahrzeugentwicklung bildet die Verfügbarkeit von Technologiedaten aller Fahrzeugbestandteile. Diese sind vereinfacht auf Parameter abstrahierbar. Für eine virtuelle Abbildung werden weiterhin Modelle der darzustellenden Bestandteile benötigt. Zusammen werden Parameter und Modelle in entsprechenden Datenbanken zentralisiert. Eine solche Struktur ist in Abbildung 3.4 schematisch dargestellt. Auf der Fahrzeugebene sind Modelle verschiedener Abbildungsgenauigkeiten in die Datenbank integriert. Diese beinhalten je nach Detaillierungsgrad eine Vereinfachung oder eine vollständige, physikalische Abbildung der Komponenten. Eine Parametrisierung erfolgt mithilfe der abgelegten Fahrzeugparameter.

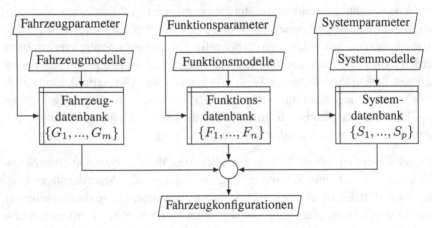

Abbildung 3.4: Darstellung der Integration der Parameter und der Simulationsmodelle aller drei Ebenen in die jeweilige Datenbank. Die Verknüpfung der drei Datenbanken erlaubt die virtuelle Abbildung der Fahrzeugkonfigurationen.

Die Parameter charakterisieren das Gesamtfahrzeug und dessen Komponenten. Dies sind beispielsweise ein Radstand oder eine Reifenschräglaufsteifigkeit. Die Funktionsmodelle beinhalten sowohl konzeptionelle Funktionsneuentwicklungen als auch Softwarefunktionen einer in Serie befindlichen Funktion. Jeder Funktion ist ein fahrzeugspezifischer Funktionsparametersatz zugeordnet. Die

Systemmodelle gliedern sich ebenfalls in neu entwickelte Modelle und Modelle bestehender Systeme, die bereits mit Messungen validiert werden konnten. In Abhängigkeit der Modellierungsart umfassen die Systemparameter wenige Größen, die zur Parametrisierung eines experimentellen Modells notwendig sind oder alle Parameter eines physikalischen Modells. Die Summe der Technologiedaten aller drei Ebenen bildet ein virtuelles Abbild der Fahrzeugkonfigurationen. Das Spektrum dieser Konfigurationen umfasst zur Verfügung stehende Funktionen und Systeme. Im Folgenden ist diese Bandbreite zunächst auf Funktionsebene einzuschränken und eine hinsichtlich der Fahrzeugeigenschaftsziele bestmögliche Funktionskonfiguration zu ermitteln.

3.5 Analyse der Funktionskonfigurationen

Für eine Ermittlung der bestmöglichen Funktionskonfiguration stehen, wie in Abschnitt 3.3 hergeleitet, Sensitivitätsanalysen und ein Wissensmanagementsystem zur Verfügung. Insbesondere für unbekannte Funktions- oder Systemkonfigurationen ist eine Parametervariation zur Bestimmung der Einflusszusammenhänge naheliegend. Daher wird diese Herangehensweise im Folgenden vorgestellt. Für jedes Gesamtfahrzeug G sind die Funktionen zu identifizieren, die zu Erreichung der Zielkennwerte $\mathbf{Y}_G^*$ notwendig sind. Abbildung 3.5 verdeutlicht, dass die verfügbaren Funktionen durch Parameter $\mathbf{X}_{F*}$ charakterisiert werden. Es ist folglich eine Sensitivität dieser Parameter hinsichtlich der definierten Fahrzeugeigenschaftsziele zu ermitteln. Dies ist die Kernaufgabe einer Sensitivitätsanalyse.

Es erfolgt eine iterative Variation der Funktionsparameter $\mathbf{X}_{F*}$ mithilfe der Variationsfunktion f_V. Der entstehende Parameterraum ist mit $\tilde{\mathbf{X}}_{F*}$ bezeichnet. Dabei ist jede Funktion einzeln zu variieren. Da zunächst einmal eine Einschränkung durch die verfügbaren Systeme auszuschließen ist, werden diese idealisiert. Die zugehörigen Systemparameter $\mathbf{X}_{S*}$ werden mithilfe der Idealisierung f_I auf den Raum $\hat{\mathbf{X}}_{S*}$ abgebildet. Für jede Variation der Parameter ist eine Gesamtfahrzeugsimulation aller relevanten Manöver durchzuführen und zu überprüfen, inwiefern die Parameteränderungen die Eigenschaftsziele positiv beeinflussen. Abschließend ist aus der Ergebnismenge

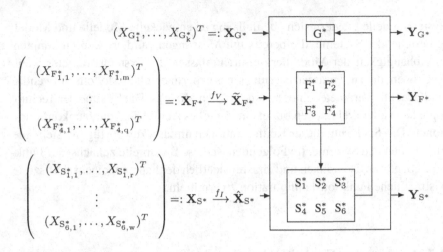

Abbildung 3.5: Verknüpfung der Variation f_V der Funktionsparameter $\mathbf{X}_{F^*}$ mit den Gesamtfahrzeugzielen $\mathbf{Y}_G^*$ mithilfe der Simulationsumgebung. Die Systemparameter $\mathbf{X}_{S^*}$ werden mithilfe der Funktion f_I zu $\hat{\mathbf{X}}_{S^*}$ idealisiert.

zu identifizieren, welche der, in diesem Beispiel vier, verfügbaren Funktionen für eine Zielerreichung notwendig ist.

Diese Vorgehensweise ist in Abbildung 3.6 in einem Teilprozess zusammengefasst.

Das virtuelle Fahrzeug umfasst Fahrzeug-, Funktions- und Systemparameter. Die Parameter des analysierten Fahrzeugs bleiben unverändert. Die Funktionsparameter aller Funktionen F_1 bis F_4 werden nacheinander jeweils in einen Versuchsplan mit N Stichproben überführt. Die variierten Funktionsparameter $(\tilde{\mathbf{X}}_{F^*})_i$ der i-ten Iteration werden der Gesamtfahrzeugsimulation übermittelt. Da zunächst eine Funktionsauswahl anzustreben ist, muss eine Einschränkung der Funktioneinflüsse durch das zugehörige System ausgeschlossen werden. Das Systemmodell wird idealisiert und die neuen Systemparameter $\hat{\mathbf{X}}_{S^*}$ der Fahrzeugsimulation übergeben.

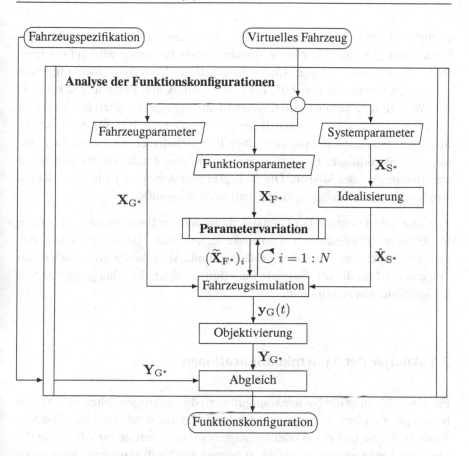

Abbildung 3.6: Prozess der Analyse der für das virtuelle Fahrzeug zur Verfügung stehenden Funktionskonfigurationen mithilfe von Parametervariationen. Ziel ist die Ermittlung der bestmöglichen Funktionskonfiguration.

Die Modellausgangsgrößen $y_G(t)$ der Gesamtfahrzeugsimulation sind einer Objektivierung zu unterziehen, sodass die Eigenschaftskennwerte Y_{G*} vorliegen. Diese sind mit den definierten Zielen Y_G^* abzugleichen. Dabei ist für jede Funktion ein Einfluss auf den Kennwert zu überprüfen.

Anhand der Breiten der Kennwertverteilungen ist zu ermitteln, welche Fahrzeugeigenschaft mit welcher Funktion signifikant beeinflusst werden kann. Die

Breite wird durch das 1 %- und 99 %-Perzentil begrenzt, sodass Ausreißer nicht berücksichtigt werden. Der halbe Abstand dieser Perzentile wird auf die Breite des Zielbereichs bezogen. Überschreitet dieses Verhältnis einen empirisch ermittelten Grenzwert von 0,05, liegt eine signifikante Beeinflussbarkeit (◗) vor. Weiterhin ist zu überprüfen welche Fahrzeugeigenschaften bei Variation der Funktionsparameter zusätzlich den Zielbereich erreichen (●). Nach Bewertung jedes Funktionseinflusses auf einen Eigenschaftskennwert kann die Funktionsauswahl erfolgen. Es wird angenommen, dass Funktionseinflüsse linear superponiert werden können. Die Gültigkeit der Annahme ist in der späteren Analyse der Gesamtfahrzeugkonfiguration zu überprüfen.

Ziel ist es, die minimale Funktionskonfiguration zur Beeinflussung aller nicht im Zielbereich befindlichen Kennwerte zu ermitteln. Bei Einflussredundanzen sind Funktionen mit einer größeren Einflussbandbreite vorzuziehen. Im Folgenden ist für die resultierende Funktionskonfiguration eine geeignete Systemkonfiguration zu ermitteln.

3.6 Analyse der Systemkonfigurationen

Für eine Ableitung der Systemkonfiguration, die die ausgewählten Funktionen bestmöglich ergänzt, stehen wiederum zwei Methoden zur Auswahl, eine Sensitivitätsanalyse und ein Wissensmanagement. Im Kontrast zur Ableitung der Funktionskonfiguration sei nun angenommen, die Einflusszusammenhänge seien bereits zuvor mit einer Sensitivitätsanalyse ermittelt und in ein Wissensmanagementsystem übertragen worden. Die Zusammenhänge sind in Abbildung 3.7 illustriert.

Es sei angenommen, dass die Fahrzeugeigenschaftsziele $Y_{G*,1}$ und $Y_{G*,2}$ außerhalb der angestrebten Zielbereiche liegen und mithilfe der Fahrwerkregelfunktionen und -systeme in den Zielbereichen positioniert werden sollen. Dafür sind im vorherigen Abschnitt bereits die einflussreichsten Funktionen ermittelt worden. In dem vorliegenden Beispiel verfügen die Funktionen F_1^*, F_3^* und F_4^* über die stärksten Einflüsse. Inwieweit ein mittlerer Einfluss der Funktion F_1^* oder F_3^* für eine Zielerreichung der Eigenschaft $Y_{G*,1}$ hinreichend ist, ist durch

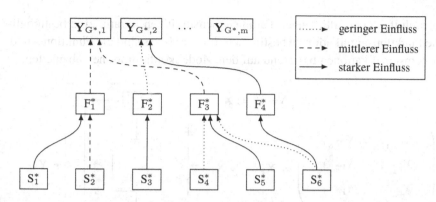

Abbildung 3.7: Schematische Darstellung der Einflussstärken verschiedener Systeme und Funktionen auf die Fahrzeugeigenschaftsziele. Ziel ist die Ermittlung der einflussreichsten Systemkonfiguration.

eine gezielte Variation und Simulation zu überprüfen. Die ausgewählten Funktionen werden in dem Fallbeispiel durch die Systeme S_1^*, S_3^* und S_6^* maximal beeinflusst.

Die Auswahl der Funktionen und Systeme und insbesondere die Annahme der Superposition ihrer Einflüsse ist zu überprüfen. Dafür erfolgt eine ganzheitliche Betrachtung der ermittelten Gesamtfahrzeugkonfiguration.

3.7 Analyse der Fahrzeugkonfiguration

Der Teilprozess der Analyse der ermittelten Konfiguration ist in Abbildung 3.8 zusammengefasst. Wiederum ist der Einfluss der Funktions- und Systemparameter auf die Fahrzeugeigenschaftsziele $\mathbf{Y}_{G^*}$ mithilfe der Sensitivitätsanalyse zu ermitteln. Es werden lediglich die ausgewählten Funktionen F_1^*, F_3^* und F_4^* und Systeme S_1^*, S_3^* und S_6^* betrachtet. Im Unterschied zu der vorherigen Analyse, erfolgt in diesem Fall eine simultane Variation der Funktions- und Systemparameter $\mathbf{X}_{F^*}$ und $\mathbf{X}_{S^*}$. Es findet also eine gleichzeitige Abbildung in die Parameterräume $\widetilde{\mathbf{X}}_{F^*}$ und $\widetilde{\mathbf{X}}_{S^*}$ mithilfe der Variationsfunktion f_V statt. Dies ermöglicht eine Überprüfung der zuvor superponierten Einflüsse. Des Weiteren ist mithilfe der resultierenden Parametersensitivitäten iterativ eine bestmögliche Funktionsapplikation zu bestimmen. Im Anschluss sind die Funktions- und Systemspezifikationen basierend auf den Modellkonfigurationen abzuleiten.

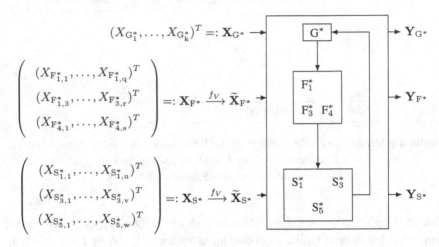

Abbildung 3.8: Verknüpfung der Variation f_V der Funktions- $\mathbf{X}_{\mathrm{F}*}$ und Systemparameter $\mathbf{X}_{\mathrm{S}*}$ mit den Gesamtfahrzeugzielen $\mathbf{Y}_G^*$ mithilfe der Simulationsumgebung.

Diese Analyse der ermittelten Fahrzeugkonfiguration ist in einen Prozess zu überführen. Dieser ist in Abbildung 3.9 zusammengefasst. Die ermittelte Konfiguration des virtuellen Fahrzeugs ist zunächst in die Parameter der drei betrachteten Ebenen zu trennen.

Die Fahrzeugparameter $\mathbf{X}_{\mathrm{G}}$ bleiben unverändert und werden erst in der Robustheitsbewertung variiert. Die Funktionsparameter $\mathbf{X}_{\mathrm{F}}$ sind sowohl in der Entwurfs- als auch in der Integrationsphase Teil der Parametervariation. Lediglich in der Entwurfsphase werden zusätzlich auch die Systemparameter $\mathbf{X}_{\mathrm{S}}$ variiert. Die Parametervariation iteriert die Fahrzeugsimulation, deren Ergebnisse nach Objektivierung in der Sensitivitätsanalyse ausgewertet werden. Die Methode stellt die Kennwerte $\mathbf{Y}_{\mathrm{G}}$ in Relation zu den zugehörigen variierten Parametern $[\widetilde{\mathbf{X}}_F, \widetilde{\mathbf{X}}_S]$. Diese Sensitivitäten sind in der Einflussmatrix zusammengefasst. Diese bildet zusammen mit den ermittelten Eigenschaftskennwerten den Eingang in den Prozess der virtuellen Applikation. Des Weiteren stellen die ermittelten Wechselwirkungen die Wissensbasis für eine Applikation im Fahrversuch dar und sind in dem Wissensmanagement zu konservieren. Das Wissensmanagement und die Durchführung einer Konservierung sind nicht Bestandteil der Arbeit.

Für die virtuelle Applikation sind zunächst die betrachteten Systeme auf die hinreichende Systemdynamik einzuschränken. Mithilfe eines Optimierungsalgorithmus werden dafür die existierenden Punkte im Parameterraum analysiert. Es existieren zwei konkurrierende Ziele: eine minimale Systemperformanz und eine maximale Erfüllung der Eigenschaftsziele. Diese Ziele sind in Gütefunktionale zu überführen, bei Bedarf zu gewichten und mit dem Optimierungsalgorithmus zu durchsuchen. Das Ergebnis bildet die Basis für die nachfolgende Funktionsapplikation. Die Zielwertdiskrepanz gilt es mithilfe des in der Einflussmatrix zusammengefassten Wissens iterativ zu eliminieren. Dafür sind Parameter zu identifizieren, die möglichst wechselwirkungsfrei die nicht im Ziel befindlichen Fahrzeugeigenschaften beeinflussen. Sofern nicht alle Ziele erreicht werden können, ist die Systemeinschränkung zu überprüfen oder die Applizierbarkeit der Funktionen zu hinterfragen. Andernfalls kann die ermittelte Applikation auf ihre Robustheit überprüft werden. Dafür werden die Fahrzeugparameter variiert. Die Analyse resultiert in einer Basisapplikation und es ist im Rahmen der Entwurfsphase eine Spezifikation der Funktionen- und Systeme ableitbar.

Für den in diesem Kapitel definierten Entwicklungsprozess ist im Folgenden die zugrunde gelegte virtuelle Entwicklungsumgebung zu erarbeiten. Die Sensitivitätsanalysemethode wird darauffolgend in Kapitel 5 spezifiziert und definiert.

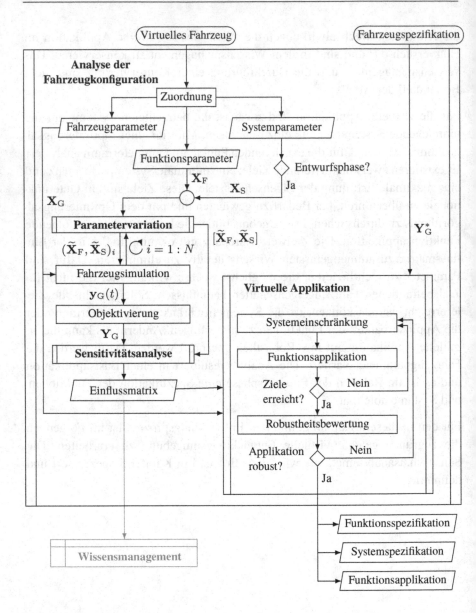

Abbildung 3.9: Zusammenfassung des Prozesses der Analyse der Gesamt-fahrzeugkonfiguration.

4 Virtuelle Entwicklungsumgebung

Die zur durchgängigen Unterstützung des Entwicklungsprozesses aktiver Fahrwerkssysteme notwendige Entwicklungsumgebung ist in diesem Kapitel zu definieren und zu entwickeln. Dafür werden in einem ersten Schritt die Anforderungen festgelegt, bevor basierend darauf im darauffolgenden Abschnitt die virtuelle Entwicklungsumgebung konzipiert und entwickelt wird.

4.1 Anforderungen an die Entwicklungsumgebung

Die Entwicklungsumgebung ist durchgängig entlang eines Entwicklungsprozesses nach dem V-Modell, wie in Abschnitt 2.1 beschrieben, einzusetzen. Eine Anwendbarkeit in der frühen Entwicklungsphase erfordert die Integration von Modellen zur Analyse und Entwicklung eines Fahrzeugkonzeptes. Es stehen keine seriennahen Funktionen, Systeme und Fahrzeuge zur Verfügung und es muss auf Vorgängerversionen für einen Start der Entwicklung zurückgegriffen werden. Weiterhin werden die drei betrachteten Teilmodelle in verschiedenen Bereichen entwickelt. Dies bedeutet, dass die Funktions- und Systemmodelle sowie das Fahrzeugmodell einerseits entlang des Entwicklungsprozesses im Detaillierungsgrad zunehmen, andererseits aber getrennt voneinander weiterentwickelt werden müssen. Deshalb ist eine abteilungsübergreifende Entwicklungsumgebung mit einer modularen Modellstruktur anzustreben.

Die resultierenden Anforderungen an die Entwicklungsumgebung sind in Tabelle 4.1 zusammengefasst. Das primäre Ziel ist eine durchgängige Anwendbarkeit im Entwicklungsprozess, Anforderung $A_{E,1}$. Dafür ist die vorgestellte Struktur mit einer modularen Modellintegration gemäß Anforderung $A_{E,2}$ notwendig. Dies ermöglicht eine Funktions- und Systemintegration in Abhängigkeit der Entwicklungsphase. Während der Entwurfsphase sind bestehende Modelle oder Konzeptfunktionen sowie Systeme heranzuziehen. Das Fahrzeugmodell mithilfe eines virtuellen Achsprüfstands eines MKS-Modells zu parametrisieren. In

C. Braunholz, *Integration von Sensitivitätsanalysemethoden in den Entwicklungsprozess für Fahrwerkregelsysteme*, Wissenschaftliche Reihe Fahrzeugtechnik Universität Stuttgart, https://doi.org/10.1007/978-3-658-33359-1_4

der Integrationsphase der Entwicklung steigt die Abbildungsgenauigkeit. Die
Funktions- und Systemmodelle sowie das Fahrzeugmodell können anhand von
Hardwareprüfständen identifiziert und validiert werden.

Zur Sicherstellung der Aussagekraft der Entwicklungsumgebung sind eine ro-
buste, automatisierte Integration und Vernetzung der Funktionssoftwarekom-
ponenten nach Anforderung $A_{E,3}$ unabdingbar. Des Weiteren gilt es, die Umgebung kontinuierlich und effizient anhand von Messungen zu validieren. Dafür ist
der automatisierte Abgleich mit entsprechenden Prüfstands- und Fahrzeugmes-
sungen vorzusehen. Dies fasst Anforderung $A_{E,4}$ zusammen. Für die Einfluss-

Tabelle 4.1: Definition der Anforderungen an die virtuelle Entwicklungsumgebung.

Anforderung	Beschreibung
$A_{E,1}$	Durchgängige Anwendbarkeit im Entwicklungsprozess
$A_{E,2}$	Modulare Modellstruktur
$A_{E,3}$	Automatisierte Vernetzung der Funktionssoftware
$A_{E,4}$	Validierungsprozess zur Sicherstellung der Aussagekraft
$A_{E,5}$	Trennung von Simulationsmodell und Untersuchungsmetho-den

analyse von Funktions-, System- und Fahrzeugparametern sind entsprechende
Untersuchungsmethoden vorzusehen. Diese sind gemäß Anforderung $A_{E,5}$ mo-
dellunabhängig zu integrieren und werden in Kapitel 5 vorgestellt. Die Ergebnisse der Untersuchungsmethoden sind in Abhängigkeit des Anwendungsfal-
les aufzubereiten. Es ist eine Expertenanwendung sowie eine konzentriertere
Aufarbeitung für Anwender, zum Beispiel Entwickler aus dem Fahrversuch,
vorzusehen.

Im folgenden Abschnitt ist die Entwicklung und Validierung der Entwicklungsumgebung zusammengefasst.

4.2 Entwicklung und Validierung der Entwicklungsumgebung

Entsprechend der definierten Anforderungen ist eine virtuelle Entwicklungsumgebung zu konzipieren. Zunächst wird der Aufbau dieser Umgebung erarbeitet. Im Anschluss findet eine iterative Validierung statt.

Struktur der Umgebung

Die primären Anforderungen sind eine durchgängige Anwendbarkeit und daraus resultierend eine modulare Struktur. Des Weiteren erlaubt die Umgebung eine Verknüpfung der betrachteten Entwicklungsebenen und bildet die Basis für die definierte Prozessaktualisierung. Diese Verknüpfung der drei Ebenen ist in Abbildung 4.1 dargestellt.

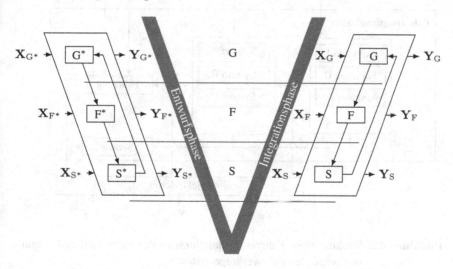

Abbildung 4.1: Durchgängige Verknüpfung der Gesamtfahrzeugs-, Funktions- und Systemebene mithilfe eines Gesamtfahrzeug-Simulationsmodells.
G: Gesamtfahrzeug, F: Funktion, S: System, X: Parameter, Y: Kennwert, □: Modell, *: Spezifikation

Während der gesamten Entwicklungszeit wird eine Entwicklungsumgebung zur Analyse des Gesamtfahrzeugverhaltens herangezogen. Lediglich der Fokus der jeweiligen Untersuchung verändert sich. Daraus resultiert, dass die Umgebung anwendungsspezifisch zu konfigurieren sein muss. Die Umgebung ist folglich mit Technologiedatenbanken verknüpft. Die Inhalte dieser nehmen im Detaillierungsgrad mit der Entwicklungszeit zu. Weiterhin können anwendungsspezifisch verschiedene Modelle und Parametersätze herangezogen werden. Die Struktur der resultierenden Simulationsumgebung ist Abbildung 4.2 zu entnehmen.

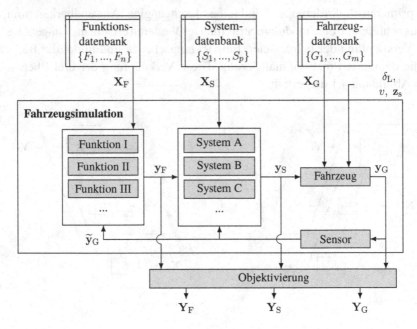

Abbildung 4.2: Struktur eines Fahrzeugsimulationsmodells unter Berücksichtigung von vernetzten Fahrwerkregelsystemen.

Die Funktions-, System- und Fahrzeugdatenbaken stellen die jeweiligen Modelle sowie die zugehörigen Parameter $\mathbf{X}_F$, $\mathbf{X}_S$ und $\mathbf{X}_G$ bereit. Das Fahrzeugmodell benötigt nebst der Parametrisierung außerdem die open-loop Manövervorgaben eines Lenkradwinkels δ_L, der Längsgeschwindigkeit v und eine Straßenanregung $\mathbf{z}_s$ in allen vier Radaufstandspunkten. Von einer Betrachtung eines Fahrermodells, das zusätzlich closed-loop Manöver erlaubt, wird in dieser Arbeit abgesehen.

Die modulare Struktur muss eine Analyse der Funktions- und Systemausgangsgrößen y_F beziehungsweise y_S erlauben. Die Fahrzeugmodellausgangsgrößen y_G werden in einem Sensormodell in Eingangsgrößen $\tilde{y}_G$ für die Funktions- und Systemmodelle überführt. Dies bedeutet beispielsweise, dass im Fahrzeug befindliche Sensoren Beschleunigungen und Drehraten ermitteln, diese in den Fahrzeugschwerpunkt umrechnen und den Funktionen und Systemen zur Verfügung stellen.

Die Ausgangsgrößen sind in einer Objektivierung in manöverspezifische Objektivkennwerte $\mathbf{Y}_F$, $\mathbf{Y}_S$ und $\mathbf{Y}_G$ zu überführen. Als Zeitreihen aufgezeichnete Stellgrößen, Kräfte und Beschleunigungen werden damit auf eine minimal notwendige Anzahl charakteristischer Größen reduziert. Diese Objektivkennwerte erlauben eine vollständige Charakterisierung des Fahrverhaltens.

Wenngleich das Gesamtfahrzeugmodell und dessen Verbindung mit den notwendigen Technologiedaten den Kern der virtuellen Entwicklung darstellt, bedarf es weiterer Infrastruktur für eine effiziente Anwendbarkeit. Die Entwicklungsumgebung ist in vier Bestandteile zu gliedern. Diese sind in in Abbildung 4.3 dargestellt. Es ist in die unabhängig anwendbaren Methoden, ein Pre-Processing, ein Processing sowie das Post-Processing zu unterscheiden. Diese modulare Struktur trennt die Bestandteile voneinander und ermöglicht eine anwendungsspezifische Konfiguration.

Die integrierten Methoden fokussieren die Gegenüberstellung von Fahrzeugkonfigurationen. Diese Konfigurationen können zwei oder mehrere konkrete Fahrzeuge beinhalten oder die Variation einer Fahrzeugvariante. Letzteres beinhaltet die Variation von Funktions-, System- oder Fahrzeugparametern und erfordert Methoden zur Erstellung statistischer Versuchspläne. Für eine Verknüpfung dieser Parametervariationen mit den resultierenden Variationen der Ausgangsgrößen sind Sensitivitätsanalysemethoden zu integrieren.

In dem Pre-Processing ist zunächst die Fahrzeugkonfiguration zu ermöglichen. Die dafür notwendigen Technologiedaten der Funktionen-, Systeme- und Komponenten sind im Anschluss für die Simulationsumgebung zu konvertieren und eine Parametrisierung der Modelle abzuleiten. In der Entwurfsphase

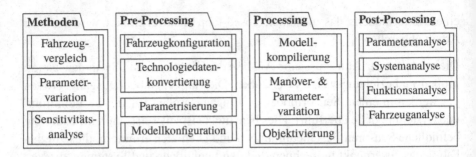

Abbildung 4.3: Gliederung der Bestandteile der Entwicklungsumgebung in eine Methodenkonfiguration sowie die sequentiell ablaufenden Schritte des Pre-Processings, Processings und Post-Processings.

des Entwicklungsprozesses werden dafür virtuelle Fahrzeug- und Systemprüfstandsmessungen einer Mehrkörpersimulation oder bestehende Fahrzeug- und Systemmodelle entsprechender Bibliotheken herangezogen. Die Softwarefunktionen entstammen in dieser Phase der Funktionsbibliothek bestehender Fahrzeugvarianten oder müssen durch konzeptionelle Softwarefunktionen abgebildet werden. Mithilfe dieser konvertierten Daten ist das Modell zu im Anschluss konfigurieren. Das Gesamtmodell besteht aus Verknüpfungen zu referenzierten Modellen und diese Verknüpfungen werden während der Modellkonfiguration gesetzt sowie entsprechende Parameter integriert.

Die generierte Modellkonfiguration ist im Processing bei Bedarf zu kompilieren. Dieser Schritt ist insbesondere für hohe Stichprobenumfänge einer Konfiguration von Relevanz. Die gewünschten Manöver mit allen Parametervariationen können anschließend durchgeführt werden. Die Ergebnisse der einzelnen Simulationen sind in einer Objektivierung in geeignete Kennwerte zu überführen.

In Abhängigkeit der gewählten Methode werden die Simulationsergebnisse im Post-Processing aufbereitet. Es sind Gegenüberstellungen im Zeit- und Frequenzbereich auf der Funktions-, System- und Fahrzeugebene möglich. Für statistische Versuchspläne und Sensitivitätsanalysen sind die Einflusszusammenhänge und Wechselwirkungen visualisierbar, wie in Kapitel 5 näher ausgeführt wird. Die Grundlage der Anwendung der Entwicklungsumgebung fußt auf dessen Vertrauenswürdigkeit, weshalb im Folgenden eine Validierung der Umgebung erarbeitet wird.

Iterativer Validierungsprozess

Die Aussagekraft und die Abbildungsgenauigkeit der Entwicklungsumgebung muss anfangs und nach strukturellen Änderungen der Umgebung überprüft werden. Dafür ist ein iterativer Validierungsprozess zu entwerfen. Dieser Prozess ist insbesondere für den erstmaligen Abgleich des virtuellen Fahrzeugs mit Fahrzeugprototypen empfehlenswert. Erstmalige Anwendungen neuer Gesamtvernetzungsstufen, die die Funktionsarchitektur signifikant verändern, sollten ebenfalls auf diese Weise abgeglichen werden. Die vier Stufen des Validierungsprozesses sind in Abbildung 4.4 dargestellt. Zunächst ist in Schritt I

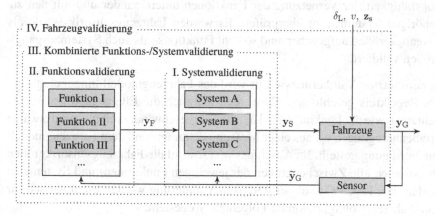

Abbildung 4.4: Stufen I bis IV des iterativen Validierungsprozesses des Simulationsmodells.

eine system-individuelle Validierung durchzuführen. Dafür werden die Funktionsausgangsgrößen y_F sowie etwaige Signale der Fahrzeugsensorik $\tilde{y}_F$ aus Messungen eingelesen, die Systeme simuliert und die Systemausgangsgrößen y_S mit Messgrößen abgeglichen. Können Signalgrößen der Fahrzeugsensorik nicht mit Trivialgrößen ersetzt werden, bedarf es einer Gesamtfahrzeugmessung. Für einen vollumfänglichen Abgleich sind quasistationäre und transiente

Manöver in verschiedenen Arbeitspunkten, wie in Abschnitt 2.3 vorgestellt, zu berücksichtigen.

Die Funktionsvalidierung bildet Schritt II der Validierung. Die Vorgehensweise gleicht der Systemvalidierung. Wiederum erhält die jeweilige Funktion die entsprechenden Eingangsgrößen der Messung und die Ausgangsgrößen werden mit der HiL- oder Fahrzeugmessung abgeglichen. Im Gegensatz zu in Hardware umgesetzten Systemen, werden die Modelle der in Software implementierten Funktionen nicht vereinfacht und sollten folglich keine Abweichung zu den Messungen aufweisen.

Die Validierung der vernetzten Funktionen und Systeme erfolgt in Schritt III. Weiterhin ist der Regelkreis über das Fahrzeug nicht geschlossen. Die zugrunde-liegenden Messungen entstammen einem vernetzten HiL-Prüfstand oder einer Gesamtfahrzeugmessung. In der kombinierten Validierung gilt es die Funk-tionsfähigkeit der Vernetzung der Funktionen untereinander und mit den zu-gehörigen Systemen zu überprüfen. Es werden Fahrzeugsensoriksignale als Eingangsgrößen aufgegeben und sowohl Funktions- als auch Systemausgangs-größen validiert.

In dem letzten Validierungsschritt wird das Fahrzeugmodell hinzugefügt und der Regelkreis geschlossen. Es werden lediglich die Eingangsgrößen in das Fahrzeug, wie der Lenkradwinkel δ_L, die Fahrgeschwindigkeit $v_{G,x}$ und etwaige Straßenanregungen z_s, aus einer Messung extrahiert und dem Fahrzeugmodell zur Verfügung gestellt. Im Anschluss sind sowohl die Fahrzeugsensorikgrößen $\tilde{y}_G$ als auch alle Zwischengrößen der jeweiligen Funktionen- und Systeme zu prüfen. Die Ergebnisse dieser iterativen Validierung werden exemplarisch für eine Fahrzeugkonfiguration im Folgenden vorgestellt.

Ergebnisse der Validierung

Der vorgestellte Validierungsprozess wird im Folgenden exemplarisch durch-schritten. Das analysierte Fahrzeug ist eine Oberklasselimousine. Diese verfügt über eine Überlagerungslenkung an der Vorderachse, eine Hinterachslenkung, ein Aktivfahrwerk, geregelte Dämpfer in Kombination mit Luftfedern sowie ein steuer- und regelbares Hinterachs-Differenzial. Das Fahrwerk dieses Fahrzeuges wird in [44] vorgestellt. Die Messungen sind bei 8 °C Lufttemperatur und 6 °C Straßentemperatur durchgeführt worden. Die Temperatur der Reifen ist überwacht worden, sodass sie der Temperatur während der Prüfstandsmessungen der Reifen in guter Näherung gleicht. In beiden Fällen ist die Temperatur der Oberfläche der Profilrillen überwacht worden.

Die Validierungsstufen I bis III validieren das Funktions- und Systemverhalten. Diese sind exemplarisch für die Hinterachslenkung analysiert. Für die Untersuchungen im Kontext der Fahrdynamik zeigt sich, dass eine experimentelle Modellbildung der Systeme als Übertragungsglied erweitert um Begrenzungen, hinreichend ist. Eine Gegenüberstellung des Amplituden- und Phasenganges des Systemübertragungsverhaltens der Hinterachslenkung mit Messergebnissen ist Abbildung 4.5 a. und b. zu entnehmen.

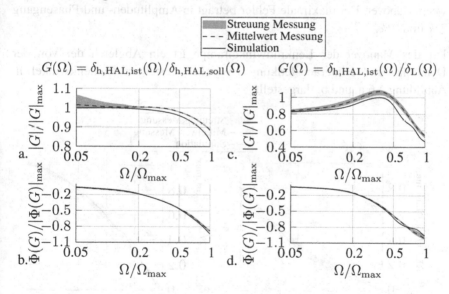

Abbildung 4.5: Amplitudengang $|G|$ und Phasengang $\Phi(G)$ des Übertragungsverhaltens G von Soll-Hinterachslenkwinkel $\delta_{\mathrm{h,HAL,soll}}$ sowie Lenkradwinkel δ_{L} auf den Ist-Hinterachslenkwinkel $\delta_{\mathrm{h,HAL,ist}}$ im Lenkradwinkel-Sinus-Sweep.

Die Grundlage für die ermittelte Übertragungsfunktion bildet das Sinus-Sweep Manöver. Für die Messergebnisse sind der Mittelwert (--) und deren Streuung (▬) dargestellt. Es ist zu beobachten, dass das identifizierte Systemverhalten der Hinterachslenkung eine maximale Abweichung des Amplitudengangs von circa 5 % aufweist. Der Phasengang der Simulation erreicht bei maximaler Untersuchungsfrequenz Ω_{max} einen maximalen Fehler gegenüber dem Mittelwert der Messungen von 6 %.

Die Funktionsvalidierung (Stufe III) überprüft die korrekte Vernetzung der Funktion und zeigt eine Deckungsgleichheit der simulierten und gemessenen Funktionsausgänge. In der Validierungsstufe III findet zusätzlich zum System auch die Funktion der Hinterachslenkung Berücksichtigung. Die Abbildungen 4.5 c. und d. zeigen dafür das Übertragungsverhalten des Lenkradwinkels auf den am Systemausgang gestellten Ist-Hinterachslenkwinkel im Sinus-Sweep Manöver. Der maximale Fehler beträgt in Amplituden- und Phasengang 7 % und 9 %.

Für das Manöver der Lenkradwinkelrampe ist ein Abgleich der von der Dynamik- und Hinterachslenkung zusätzlich gestellten Radlenkwinkel in Abbildung 4.6 a. und b. dargestellt.

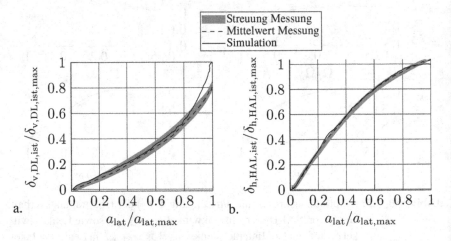

Abbildung 4.6: Validierung der durch die aktiven Lenksysteme zusätzlichen aufgeprägten Lenkwinkel $\delta_{v,DL,ist}$ und $\delta_{h,HAL,ist}$ in der Lenkradwinkelrampe.

Beide zusätzlich aufgeprägten Lenkwinkel werden über der normierten Querbeschleunigung aufgetragen. Die durch die Dynamiklenkung hervorgerufene Radlenkwinkeldifferenz $\delta_{v,DL,ist}$ zeigt im Bereich des linearen Fahrzeugverhaltens eine gute Übereinstimmung mit den Messergebnissen. Im querdynamischen Grenzbereich des Fahrzeuges hingegen, erreicht der Mittelwert der Messungen den maximalen Stellwinkel bei einer höheren Querbeschleunigung und der maximale Fehler beträgt 28 %. Dies ist mit einer fehlenden Abbildung einer auf dem Aktor des Systems befindlichen Applikation in diesem Betriebspunkt zu erklären.

Der simulierte Ist-Hinterachslenkwinkel $\delta_{h,HAL,ist}$ befindet sich innerhalb der Messtoleranz und zeigt lediglich bei $0,25a_{lat,max}$ sowie bei maximaler Querbeschleunigung eine Abweichung von maximal 4 %.

Zuletzt ist die Gesamtfahrzeugebene zu validieren. Die Ergebnisse der Lenkradwinkelrampe sind Abbildung 4.7 a. bis c. zu entnehmen.

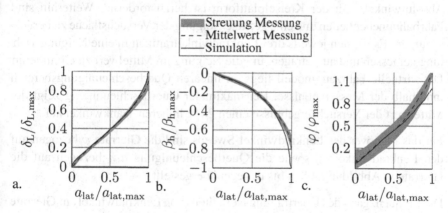

Abbildung 4.7: Validierung des Lenkradwinkel-, des Schwimmwinkel- und des Wankwinkelgradienten bezogen auf die Querbeschleunigung in der Lenkradwinkelrampe.

Das Eigenlenkverhalten ist in Abbildung 4.7 a. dargestellt und zeigt bis 70 % der aufgetragenen Querbeschleunigung eine gute Übereinstimmung mit den

Messungen. Oberhalb dieser Querbeschleunigung verfügt das virtuelle Gesamtfahrzeug über einen 13 % höheren Lenkradwinkelbedarf. Dies ist insbesondere unter Berücksichtigung des erhöhten Überlagerungslenkwinkels sowie des geringeren Hinterachslenkwinkels im Vergleich zur Messung bemerkenswert. Dennoch ist die Messungenauigkeit zu beachten. Der maximale Fehler zur oberen Grenze der Messtoleranz beträgt 3 %.

Der Hinterachsschwimmwinkel des virtuellen Fahrzeugs (vgl. Abbildung 4.7 b.) liegt bis zum Beginn des querdynamischen Grenzbereichs ebenfalls innerhalb der Messergebnisse. Die Messergebnisse erreichen bei maximaler Querbeschleunigung einen bis zu 20 % geringeren Schwimmwinkel.

Der Wankwinkel des Fahrzeugs ist in Abbildung 4.7 c. mit den Messergebnissen gegenübergestellt. Die Messergebnisse weisen bereits bei Geradeausfahrt eine Streuung von $-0,06 \leq \varphi/\varphi_{max} \leq 0,19$ auf. Dies deutet auf signifikante Messungenauigkeiten hin. Die Ermittlung eines vergleichsweise kleinen Absolutwinkels mit der Kreiselplattform ist herausfordernd. Weiterhin sind Fahrbahnunebenheiten und eine geringe Neigung der Versuchsfläche zu berücksichtigen. Es werden jeweils drei Lenkradwinkelrampen in eine Neigungsrichtung gemessen und aufgetragen, um die Neigung im Mittelwert zu eliminieren. Das virtuelle Fahrzeugmodell liegt im linearen Querbeschleunigungsbereich innerhalb der Messergebnisse. Bei maximaler Querbeschleunigung zeigt der Mittelwert der Versuchsergebnisse einen 20 % höheren Wankwinkel auf.

Für das Manöver des Lenkradwinkel-Sweeps sind die Gierrate $\dot{\psi}$ bezogen auf den Lenkradwinkel δ_L sowie die Querbeschleunigung a_{lat} bezogen auf die Gierrate in Abbildung 4.8 a. bis d. gegenübergestellt.

Der Frequenzgang des Übertragungsverhaltens von Lenkradwinkel auf Gierrate des Fahrzeugs, Abbildung 4.8 a. und b., zeigt eine gute Übereinstimmung mit den Versuchsergebnissen. Die maximalen Fehler betragen 4 % im Amplitudengang und 5 % im Phasengang.

Für das Übertragungsverhalten der Gierrate auf die Querbeschleunigung, Abbildung 4.8 c. und d., ist eine signifikante Abweichung im Amplitudengang oberhalb von 75 % der maximalen Frequenzanregung feststellbar. Der Amplitudenfehler beträgt maximal 39 %. Der maximale absolute Fehler im Phasengang beträgt 40 % des Mittelwertes der Messungen. Dies liegt in der Bestimmung

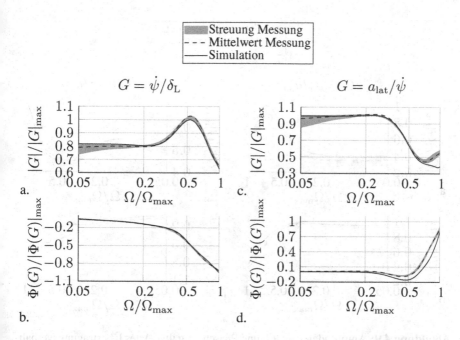

Abbildung 4.8: Amplitudengang $|G|$ und Phasengang $\Phi(G)$ des Übertragungsverhaltens G des Lenkradwinkels δ_{L} auf die Gierrate $\dot{\psi}$ und der Gierrate auf die Querbeschleunigung a_{lat} im Lenkradwinkel-Sinus-Sweep.

und Übermittlung der Querbeschleunigung außerhalb des Schwerpunktes begründet. Die fahrzeuginterne Messtechnik, die die Querbeschleunigung an die Fahrwerksfunktionen übermittelt, liegt außerhalb des Schwerpunktes und überträgt die Messgröße mit Verzögerung. Diese Signallatenz ist nicht vollständig abgebildet, sodass sich der beobachtete Fehler insbesondere in dynamischen Fahrzeuganregungen auswirkt. Das Übertragungsverhalten von Querbeschleunigung auf Hinterachsschwimmwinkel ist in Abbildung 4.9 a. und b. veranschaulicht.

Der Amplitudengang des Fahrzeugmodells zeigt für geringe Lenkfrequenzanregungen einen um bis zu 17 % höheren Gradienten. Im Bereich der maximal untersuchten Frequenzanregungen vergrößert sich der Fehler auf bis zu 44 %. Der Phasengang zeigt eine gute Übereinstimmung mit den Versuchsergebnissen für geringe Lenkradwinkelfrequenzen. Im dynamischen Frequenzbereich

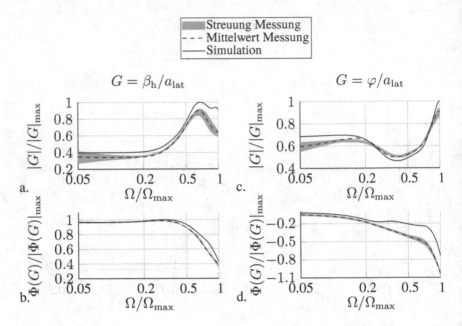

Abbildung 4.9: Amplitudengang $|G|$ und Phasengang $\Phi(G)$ des Übertragungsverhalt-
ens G der Querbeschleunigung a_{lat} auf den Hinterachsschwimmwinkel β_{h} und den Wankwinkel φ im Lenkradwinkel-Sinus-Sweep.

steigt der Fehler allerdings auf bis zu 23 %. Auch hier ist der Fehler in der
Abbildung im Steuergerät ermittelten der Querbeschleunigung zu suchen.

Zuletzt wird in Abbildung 4.9 c. und d. das Übertragungsverhalten der Querbeschleunigung auf den Wankwinkel analysiert. Der Amplitudengang offenbart
für sehr geringe Lenkwinkelfrequenzen einen 13 % höheren Wankwinkelgradienten für das virtuelle Fahrzeug. Im mittleren Anregungsbereich hingegen stellt
sich ein um bis zu 8 % geringeres Amplitudenverhältnis im Fahrzeugmodell
ein. Für maximale Anregungsfrequenzen schließlich übersteigt das virtuelle
Fahrzeug die Versuchsergebnisse wieder um 11 %. Der Phasengang stimmt im
mittleren Frequenzbereich mit einer Abweichung von bis zu 42 % nicht mit
den Versuchsergebnissen überein. Erneut wirkt sich die Dynamik der Querbeschleunigung und deren Fehler auf die Stellgrößen des Aktivfahrwerkes und
somit die Wankdynamik aus.

Die Ergebnisse des Validierungsprozesses zeigen die Grenzen der Abbildungs-genauigkeit der Entwicklungsumgebung auf. Die angeführten Abweichungen sind insbesondere im Bereich der maximalen Querbeschleunigung sowie der dynamischen Querbeschleunigung bei maximal untersuchter Frequenzanregung signifikant. Dies ist zum einen auf eine vereinfachte Abbildung der Latenzen verschiedener Steuergeräte zurückzuführen. Weiterhin werden Phasenverzüge aufgrund von Filterungen innerhalb der Fahrzeugsensorik vernachlässigt. Insbesondere für höherfrequente Anregungen resultierenden diese Latenzfehler in signifikanten Phasenfehlern der zur Verfügung gestellten Beschleunigungssignale und somit der Stellgrößen.

Über diese beiden vorgestellten Manöver hinaus sind andere Geschwindigkeitsstützstellen sowie andere Manöver, wie beispielsweise ein Lenkradwinkelsprung-Manöver, untersucht worden. Abschließend lässt sich festhalten, dass die vorgestellte Entwicklungsumgebung über die gezeigten Einschränkungen in der Abbildungsgenauigkeit verfügt. Die Grundlage für die angestrebte Methodenentwicklung ist allerdings gegeben. Im folgenden Kapitel werden daher Methoden zur Analyse der integrierten Modelle erarbeitet und vorgestellt.

5 Integration der Sensitivitätsanalysemethode

Die Analyse von vernetzten Fahrwerkregelfunktionen erfordert, wie in Kapitel 3 hergeleitet, Methoden zur Erfassung der Parameter und Kennwertzusammenhänge. Aufbauend auf dem in Kapitel 2 dargelegten Forschungsstand, werden in diesem Kapitel Anforderungen an die Sensitivitätsanalysemethode definiert, eine Methode ausgewählt und diese in die Simulationsumgebung integriert.

5.1 Anforderungen an die Sensitivitätsanalysemethode

Zunächst sind die Anforderungen an die zu integrierende Methode zu definieren. Dafür ist die Anwendung innerhalb des definierten Auslegungsprozesses zu berücksichtigen. Angestrebt ist eine Erfassung von Parameter- und Kennwertzusammenhängen in allen Entwicklungsphasen und für verschiedene Modellkonfigurationen. Die resultierenden Anforderungen sind in Tabelle 5.1 zusammengefasst.

Zunächst ist aufgrund der notwendigen durchgängigen Anwendbarkeit eine modellunabhängige Methode auszuwählen. Diese ermöglicht es, Parameter aller integrierten Modelle hinsichtlich ihrer Sensitivitäten auf die entsprechenden Kennwerte zu bewerten. Die ausgewählten Parameter sind in ihrem Parameterraum vollständig zu analysieren, es bedarf also einer globalen Sensitivitätsanalysemethode, wie in Anforderungspunkt $A_{S,1}$ zusammengefasst. Die zu untersuchenden Modelle weisen Nichtlinearitäten auf, auch diese müssen gemäß Anforderung $A_{S,2}$ bewertbar sein. Es ist angestrebt, dass sowohl Haupteffekte, dies sind direkte Einflüsse eines Parameters, als auch Wechselwirkungseffekte mit anderen Parametern und somit Totaleffekte erfasst werden können. Dies beschreibt Anforderungspunkt $A_{S,3}$.

Weiterhin ist insbesondere für Modelle mit einer Vielzahl an Parametern in das Sichten von einflussreichen Parameter und deren Priorisierung zu unterscheiden. Um eine effiziente Einsetzbarkeit in der Entwicklung ohne

Tabelle 5.1: Definition der Anforderungen an die Sensitivitätsanalysemethode.

Anf.	Beschreibung
$A_{S,1}$	Globale Analyse des Parameterraumes
$A_{S,2}$	Eignung für nichtlineare Modelle
$A_{S,3}$	Identifikation von Haupt- und Totaleffekten
$A_{S,4}$	Parametersichtung (factor fixing) von bis zu 200 Parametern in einem Zeitraum von maximal 24 h, Modellevaluationszeit von bis zu 300 s; entspricht 8640 Evaluationen
$A_{S,5}$	Parameter Priorisierung (factor prioritization) von bis zu 20 Parametern in einem Zeitraum von maximal 192 h, Modellevaluationszeit von bis zu 300 s; entspricht 69 120 Evaluationen
$A_{S,6}$	Möglichkeit der Parallelisierung (30-fach) von Modellevaluationen
$A_{S,7}$	Möglichkeit der vorzeitigen Ergebnisanalyse

signifikante Wartezeiten zu gewährleisten, sind für beide Teilschritte maximale Durchführungszeiten zu definieren.

Eine Sichtung sollte für eine produktive Anwendung der Methoden innerhalb von 24 Stunden abgeschlossen sein ($A_{S,4}$). Für eine Priorisierung ist eine Analysezeit von maximal acht Tagen angestrebt ($A_{S,5}$). Da diese Zeiträume in Abhängigkeit der betrachteten Parameter stehen, sind gleichzeitig Obergrenzen der Parameteranzahlen festzulegen. Die Erfahrung zeigt, dass eine Gesamtanzahl von 200 betrachteten Parametern für eine Sichtung hinreichend Freiraum bietet. Eine Einflussreihenfolge wird in einem zweiten Schritt für maximal 20 Parameter ermittelt. Für beide Schritte werden Anforderungen an die Gesamtanalysezeit gestellt.

Während dieser Zeit ist die Möglichkeit der Analyse von Zwischenergebnissen beabsichtigt ($A_{S,7}$). Zusammen mit einer maximalen Modellevaluationszeit von 300 s ergeben sich Anforderungen an die Effizienz der Methoden. Für eine sequentielle Berechnung der Ergebnisse ergeben sich 288 und 1152 Modellevaluationen in den definierten Zeiträumen. Aus diesem Grund ist eine Parallelisierung der Evaluationen unabdingbar, welches im Rahmen der Arbeit auf einer lokalen Recheneinheit ohne Nutzung von Server- oder Cloud-Verteilungen durchgeführt wird. Der größte Parallelisierungsgrad beträgt für die zur Verfügung stehende Hardware 30 simultane Evaluationen und diese sollten von der Sensitivitätsanalysemethode nutzbar sein ($A_{S,6}$). Mithilfe dieser Parallelisierung sind im definierten Zeitraum folglich 8640 und 34560 Modellevaluationen berechenbar.

5.2 Auswahl der Sensitivitätsanalysemethode

Der in Kapitel 2.4 zusammengefasste Stand der Forschung für Sensitivitätsanalysemethoden zeigt, dass in anderen Forschungsgebieten hinreichend viele Methoden Anwendung finden. Es ist zu überprüfen, welche dieser etablierten Methoden die definierten Anforderungen erfüllen.

Der Fokus wird zunächst durch die Anforderungspunkte $A_{S,1}$ und $A_{S,2}$ auf globale Methoden, die nichtlineare Modelle untersuchen können, eingeschränkt. Die etablierten Methoden, die eine solche Analyse ermöglichen, sind die Elementareffekt (EE) Methode nach MORRIS, die varianzbasierte Methoden nach SOBOL' und eFAST sowie die momentenunabhängige PAWN Methode. Diese Methoden sind in Tabelle 5.2 mit den definierten Anforderungen qualitativ gegenübergestellt.

Tabelle 5.2: Gegenüberstellungen von etablierten Sensitivitätsanalysemethoden mit den definierten Anforderungen.

Anforderung	EE	VBSA	eFAST	PAWN
$A_{S,1}$: global	●	●	●	●
$A_{S,2}$: nichtlinear	●	●	●	●
$A_{S,3}$: Totaleffekte	◑	●	●	○
$A_{S,4}$: Sichtung 24 h	●	◑	●	○
$A_{S,5}$: Priorisierung 192 h	○	◑	○	◑
$A_{S,6}$: Parallelisierung	●	●	○	●
$A_{S,7}$: Zwischenergebnis	●	●	○	●

Eine Ermittlung von Haupt- und Totaleffekten, Anforderung $A_{S,3}$, leistet die EE-Methode mit Einschränkung. Ein mittlerer absoluter Elementareffekt schätzt einen Totaleffekt ab. Der Anteil der enthaltenen Wechselwirkungen lässt sich allerdings mithilfe der Standardabweichung der Elementareffekte lediglich annähern. Die VBSA Methode sowie eine eFAST Analyse ermöglichen die simultane Berechnung von Haupt- und Totaleffekten. Die PAWN Methode hingegen ermittelt lediglich einen Index vergleichbar mit dem Totaleffekt nach SOBOL'.

Die Anforderungspunkte $A_{S,4}$ und $A_{S,5}$ limitieren die Recheneffizienz für eine Parametersichtung und -priorisierung. Eine Bewertung der Effizienz erfordert eine quantitative Bewertung des Konvergenzgrades. Allerdings ist weder ein Verfahren zur Abschätzung der Güte von Ergebnissen einer Sensitivitätsanalyse noch ein Maß zur Quantifizierung dieser Güte ist über mehrere Forschungsgruppen hinaus etabliert, wie Abschnitt 2.4 darlegt. Daher existiert auch keine quantitative Gegenüberstellung aller genannten Sensitivitätsanalysemethoden hinsichtlich ihrer Konvergenz.

Eine Parallelisierung ($A_{S,6}$) erlauben drei der vier berücksichtigten Methoden. Lediglich die eFAST Methode lässt keine simultane Untersuchung zu. Damit einher geht, dass sich für die eFAST Methode als einzige keine Zwischenergebnisse ($A_{S,7}$) analysieren lassen.

Basierend auf dem zuletzt etablierten Kriterium nach SARRAZIN et al. ist im Folgenden die quantitative Gegenübergestellung hinsichtlich der Konvergenz zu erarbeiten. Dafür bietet sich eine mathematische Testfunktion, deren Sensitivitätsindizes analytisch bestimmt werden können an. Die in Abschnitt 2.4 eingeführte Sobol' G-Funktion weist starke Nichtlinearitäten auf und ist daher für den vorliegenden Anwendungsfall geeignet.

Für eine Konfiguration der G-Funktion mit einer Parameteranzahl von $M = 200$ ist die Effizienz einer Parametersichtung gegenüberzustellen. Dafür wird die Modellevaluationsanzahl sukzessive gesteigert und nach jeder Iteration die bereits erreichte Konvergenz mithilfe des Bootstrappings bestimmt. Die Wiederholungsanzahl des Bootstrappings beträgt 1000 Züge. Die Sichtungs-Konvergenz ist für die Totaleffekte in Abbildung 5.1 in Abhängigkeit der Anzahl an Modellevaluationen dargestellt. Es werden die VBSA nach Sobol' (-◆-) und die EE Methode (-▲-) für bis zu $N = 20\,200$ Evaluationen gegenübergestellt. Die

Indizes der PAWN Methode konvergieren gegen ihren Endwert beginnend mit dem Maximalwert von eins und sind zu diesem Zeitpunkt noch nicht unter die Grenze von 0,05 gefallen. Daher kann keine Sichtungskonvergenz für die PAWN Methode ermittelt werden. Sowohl die VBSA als auch die EE Methode unterschreiten die Konvergenzgrenze (--) bevor die Sichtungsgrenze $N_{\text{screening,max}}$ (····) erreicht ist. Die Sichtungskonvergenz ist für die EE Methode nach circa 750 und für die VBSA Methode nach 1000 Evaluationen erreicht. Die FAST und eFAST Methoden benötigen eine minimale Anzahl von $513M = 102600$ Modellevaluationen und sind damit für ein Screening nicht geeignet.

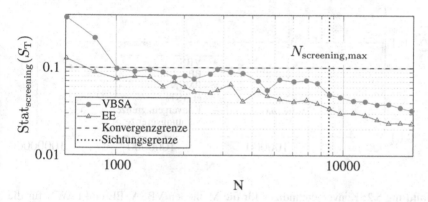

Abbildung 5.1: Gegenüberstellung des Sichtungs-Konvergenzindex für die Methoden VBSA und EE für die G-Funktion mit $M = 200$ Parametern.

Eine Gegenüberstellung der vollständigen Konvergenz der Indizes erfolgt für eine Konfiguration der G-Funktion mit $M = 20$ Parametern. Der zugehörige Konvergenzindex der Totaleffekte ist in Abbildung 5.2 für steigende Modellevaluationen dargestellt. Die totale Konvergenz ist auch für die PAWN Methode ($\diamond$) ermittelbar.

Es ist zu beobachten, dass die Indizes der VBSA und EE Methode in guter Näherung logarithmisch konvergieren. Die PAWN Methode hingegen zeigt kein eindeutiges Konvergenzverhalten. Die EE Methode erreicht die Konvergenzgrenze nach weniger als 20 000 Modellevaluationen. Die Indizes der VBSA Methode unterschreiten nach mehr als 60 000 Evaluationen die

Grenze. Für die Methode nach PAWN ist eine Konvergenz erstmalig nach circa 70 000 Evaluationen erreicht. Die Indizes der PAWN Methode divergieren anschließend allerdings bis nach nahezu 100 000 Evaluationen erneut die Konvergenzgrenze unterschritten wird und die Konvergenz fortschreitet. Die eFAST Methode erlaubt bereits mit der für die Methode minimalen Anzahl an Modellevaluationen von 10 260 einen Konvergenzwert von 0,13. Allerdings verringert eine höhere Anzahl an Modellevaluationen den Konvergenzgrad methodenbedingt nicht mehr.

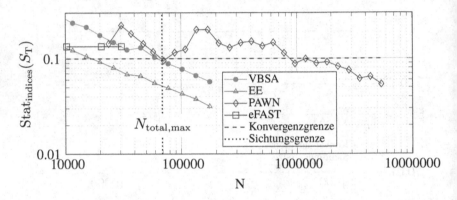

Abbildung 5.2: Konvergenzindizes für die Methoden VBSA, EE und PAWN für die G-Funktion mit $M = 20$ Parametern. Konvergenzgrenze nach [36], [38].

Basierend auf der qualitativen und quantitativen Gegenüberstellung zeigt sich, dass die EE-Methode die effizienteste Möglichkeit der Parametersichtung (FF) darstellt. Die eFAST Methode ermöglicht keine Analyse von Zwischenergebnissen, ist nicht zu parallelisieren und ist daher für die angestrebte Anwendung nicht geeignet. Die PAWN Methode bestimmt lediglich die Totaleffekte der Parametereinflüsse. Des Weiteren ist die Berechnung mit einer geringen Effizienz im Vergleich zur VBSA Methode versehen. Deshalb findet in dieser Arbeit eine zweistufige Sensitivitätsanalyse aus einer EE-basierten Parametersichtung und einer anschließenden VBSA zur Parameterpriorisierung Anwendung. Diese Vorgehensweise ist in Abbildung 5.3 zusammengefasst.

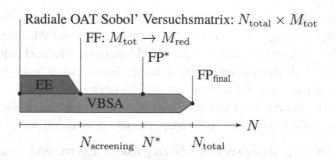

Abbildung 5.3: Synthetisierte, zweistufige Sensitivitätsanalysemethode.

Eine radiale one-at-a-time Sobol' Versuchsmatrix der Dimension $N_{total} \times M_{tot}$ ist Ausgang der Analyse. Ist eine Sichtungskonvergenz gemäß der EE-Methode nach $N_{screening}$ Evaluationen erreicht, wird die Parameteranzahl von M_{tot} auf die einflussreichen Parameter der Anzahl M_{red} verringert. Diese reduzierte Parametermenge wird im Teilraum des gesamten Parameterraumes fortlaufend variiert, bis eine totale Konvergenz der Sensitivitätsindizes (FP_{final}) erreicht ist. Die nicht-einflussreichen Parameter werden für den zweiten Teil der Analyse auf ihrem Ausgangswert fixiert. Die VBSA Methode erlaubt die Sichtung vorzeitiger Parametereinflüsse (FP^*) nach N^* Modellevaluationen.

Die Ergebnisse dieser synthetisierten Methode sowie die Herausforderung einer entsprechenden Visualisierung werden im folgenden Abschnitt vorgestellt.

5.3 Vorstellung der Visualisierungsmethoden

Die Ergebnisse der synthetisierten Sensitivitätsanalyse werden in diesem Kapitel exemplarisch analysiert, um die anwendungsspezifische Aufbereitung zu diskutieren. Dafür werden 85 Parameter eines Allradlenksystems einer Oberklasselimousine variiert. Für jede Parametervariation werden die in Abschnitt 2.3 vorgestellte Lenkradwinkel-Rampe sowie der Lenkradwinkel-Sweep bei 100 km/h simuliert und die eingeführten Fahrzeugkennwerte ermittelt. Das Gesamtfahrzeugverhalten eines Fahrzeugs mit Fahrwerkregelfunktionen bedarf allerdings weiterer Stützstellen. Dies liegt darin begründet, dass die Regelfunktionen situationsabhängig eingreifen. Das Fahrzeugverhalten ist somit abhängig von der Fahrzeuglängsgeschwindigkeit, der Querbeschleunigung oder der Frequenz des Lenkradwinkels. Daher werden die vorgestellten Gesamtfahrzeugdarstellungen für jede Parametervariation diskretisiert und in Kennwerte überführt. Zusätzlich werden Kennwerte auf Funktions- und Systemebene ermittelt, sodass eine Summe von 1367 Kennwerten je Parametervariation bestimmt wird.

Die Visualisierung ist in zwei Bereiche zu gliedern. Einmal sind anwendungsbezogen die Ergebnisbereiche der simulierten Fahrmanöver darzustellen. Dies veranschaulicht, in welchem Spektrum das Fahrverhalten beeinflusst wurde. Der zweite Visualisierungsansatz fokussiert die Darstellung der Parameter und Kennwertzusammenhänge, also der ermittelten Sensitivitäten.

Zunächst ist das Fahrverhalten zu analysieren. Die in Querbeschleunigungsstützstellen diskretisierten Ergebnisse der Lenkradwinkel-Rampe sind Abbildung 5.4 a. bis c. zu entnehmen. Dargestellt sind der Lenkradwinkel, der Hinterachsschwimmwinkel und der Wankwinkel in Relation zur Querbeschleunigung. Für jede betrachtete Stützstelle sind Minimum (▼), Maximum (▲) und Mittelwert (●) des jeweiligen Wertes dargestellt. Des Weiteren ist der vollständige Ergebnisbereich, interpoliert zwischen den Stützstellen, eingezeichnet (■).

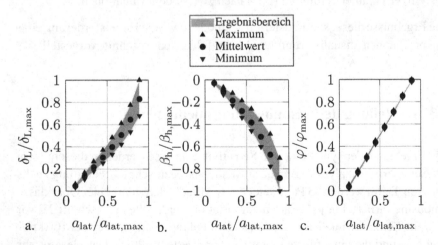

Abbildung 5.4: Visualisierung der Ergebnisse der Lenkradwinkel-Rampe für Variationen der 85 Allradlenksystemparameter.

Die kombinierte Variation der Parameter der Dynamiklenkung und des Hinterachslenksystems resultieren in einer Spreizung der Lenkradwinkel- und Schwimmwinkelgradienten im Linear- und Grenzbereich. Das Wankverhalten bleibt erwartungsgemäß unbeeinflusst. Diese Darstellungsform ermöglicht eine Erfassung des Einflussbereiches eines oder mehrerer Parameter sowie eine gezielte Applikation eines gewünschten Fahrzeugverhaltens.

Ein ähnliches Vorgehen diskretisiert die Übertragungsverhalten, die für den Lenkradwinkel-Sweep bestimmt werden, in Frequenzstützstellen. Dafür ist in Abbildung 5.5 a. und b. exemplarisch der Bereich aller im Rahmen der Sensitivitätsanalyse ermittelten Gierübertragungsfunktionen dargestellt.

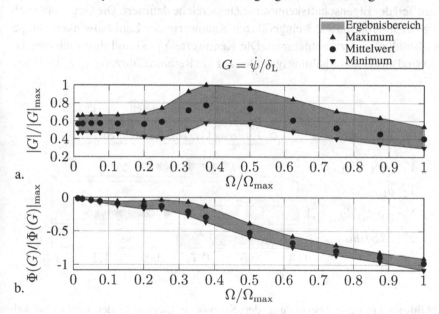

Abbildung 5.5: Amplitudengang ($|G|$) und Phasengang ($\Phi(G)$) des Gierübertragungsverhaltens im Lenkradwinkel-Sweep für Variationen der Parameter des Allradlenksystems.

Wiederum sind Minimum, Mittelwert und Maximum aller Amplituden- sowie Phasenverhältnisse in den Frequenzstützstellen bestimmt worden. Der Ergebnisbereich für die Gierübertragungsfunktion zeigt die Einflussbreite des Allradlenksystems auf. Sowohl für langsame Lenkbewegungen als auch für dynamische Lenkvorgänge ist das resultierende Gierverhalten signifikant beeinflussbar. Innerhalb dieser Ergebnismenge sind singuläre, gewünschte Gierübertragungsfunktionen mit den zugehörigen Parameterkombinationen identifizierbar. Dafür können die Grenzen der entsprechenden Stützstellen eingeschränkt und verbleibende Parameterkombinationen analysiert werden.

Neben einer Analyse der vorgestellten, diskretisierten Darstellungen sind für einen Teil der Eigenschaftskennwerte Zielbereiche definiert. Die Gegenüberstellung der in Abschnitt 2.3 eingeführten Kennwerte der Lenkradwinkel-Rampe ist Abbildung 5.6 zu entnehmen. Die Kennwerte Y_j (●) und ihre Zielbereiche (■) sind aus Geheimhaltungsgründen auf ein Referenzfahrzeug $Y_{\mathrm{ref},j}$ bezogen.

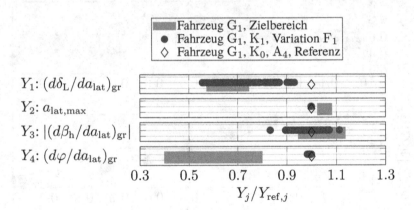

Abbildung 5.6: Gegenüberstellung der Kennwerte (normiert) der Lenkradwinkel-Rampe mit den zugehörigen Zielbereichen bei Variation der Parameter des Allradlenksystems.

Wie bereits dem diskretisierten Darstellungen zu entnehmen ist, sind der Lenkradwinkel- und Schwimmwinkelgradient von dem Allradlenksystem signifikant beeinflussbar. Beide Kennwerte erreichen die definierten Zielbereiche. Die maximale Querbeschleunigung repräsentiert das Seitenkraftpotenzial und bleibt systembedingt nahezu unbeeinflusst von Lenksystemen. Da der Kennwert den Zielbereich verfehlt, wäre in diesem Fall eine weitere Fahrwerkregelfunktion oder eine Modifikation des Grundfahrwerks beziehungsweise der Räder und Reifen notwendig. Ebenso ist der Wankwinkelgradient im Grenzbereich $(d\varphi/da_{\text{lat}})_{\text{gr}}$ ebenso unbeeinflusst von einer Lenksystemvariation. Das Fahrzeug verfügt in diesem Fall über einen zu hohen Wankwinkelgradienten und es bedarf auch hier einer weiteren Fahrwerkregelfunktion oder einer Modifikation des Grundfahrwerks.

Eine Analyse der ermittelten Fahrzeugeigenschaftskennwerte wirft die Frage nach dem „optimalen" Fahrzeug dieser ermittelten Kennwerte auf. Existiert eine Parametrisierung, die die Zielbereiche bestmöglich erfüllt. Dafür sind die beiden vorgestellten Visualisierungen ganzheitlich zu verknüpfen. Dies findet in einer entwickelten Applikation statt. Mithilfe dieser Übersicht können auf der gezeigten Fahrzeugebene, Kennwerte und Funktionsverläufe in Richtung der angestrebten Zielbereiche eingeschränkt werden und die resultierende Parameterkombination ermittelt werden. Ebenso ist eine Analyse und Einschränkung auf der Funktions- und Systemebene möglich. Mithilfe der Applikation ist folglich der bestmögliche Parametersatz extrahierbar. Dennoch ist möglicherweise eine Zieldiskrepanz offen. Um diese zu schließen, gilt es die Parametervariation mit den Kennwertvariationen zu verknüpfen und damit das eigentliche Ergebnis der Methode, die Sensitivitäten, zu visualisieren.

Für die ausgewählten Fahrzeugeigenschaftskennwerte Y_1 bis Y_4 der Lenkradwinkel-Rampe sind für die einflussreichsten drei Parameter die Haupteffekte und Totaleffekte in Abbildung 5.7 dargestellt.

Die Einflussgröße eines Parameters X_i auf einen Kennwert Y_j wird von der vorgestellten varianzbasierten Sensitivitätsanalyse in dem Haupteffekt $S_{i,j}$ (■) und dem Totaleffekt $S_{\text{T},i,j}$ (■) zusammengefasst. Diese sind im jeweiligen Balkendiagramm im Bereich von -1 bis 1 dargestellt. Beide Sensitivitätsindizes werden in der VBSA vorzeichenfrei bestimmt. Zur Ermittlung der Einflussrichtung werden die simultan ermittelten Elementareffekte analysiert und die Vorzeichen auf Haupt- und Totaleffekte übertragen. Ein positiver Effekt liest sich als positive Kennwertveränderung bei positiver Parametervariation. Ein negativer Effekt hat eine Kennwertänderung entgegen der Variationsrichtung des Parameters zur Folge.

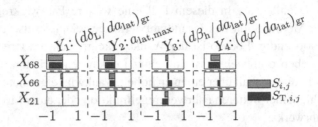

Abbildung 5.7: Haupt- und Totaleffekte der drei einflussreichsten Parameter für die Kennwerte der Lenkradwinkel-Rampe vor Skalierung und Sortierung der Einflüsse.

Entgegen vorheriger Beobachtungen werden sowohl die maximale Querbeschleunigung, als auch das Wankverhalten durch Parameter X_{68} signifikant beeinflusst. Dies ist korrekt, allerdings darf der Einfluss nicht mit den Einflüssen des Parameters auf andere Kennwerte verglichen werden. Die Sensitivitätsindizes sind lediglich innerhalb eines Kennwertes gültig. Es werden die bedingten Varianzen, hervorgerufen durch einen Parameter, mit der totalen Varianz eines einzelnen Kennwertes in Relation gesetzt. Eine Verknüpfung der Kennwertvariationen und somit der Spalten der dargestellten Landkarte ist nicht gegeben, sodass Abbildung 5.7 ausschließlich spaltenweise gelesen werden kann. Dieser Vergleich der Spalten ist allerdings genau das Ziel, um Wechselwirkungen zu identifizieren und die Auswirkung eines Parameters auf alle Eigenschaften zu ermitteln. Dafür ist eine Skalierung der Spalten erforderlich. Es muss berücksichtigt werden, inwiefern sich ein Kennwert überhaupt „verändert". Dafür bietet sich eine Skalierung der Spalten in Abhängigkeit der relativen Standardabweichung nach Gl. 5.1 an. Anschließend ist auch eine zeilenweise Analyse der Applikationslandkarte möglich.

$$S_{T,i,j,\text{scal}} = \frac{\sigma(Y_j)/\mu(Y_j)}{\max\limits_{j}[\sigma(Y_j)/\mu(Y_j)]} S_{T,i,j} \qquad \text{Gl. 5.1}$$

Dabei ist das Verhältnis der auf den Mittelwert μ bezogenen Standardabweichung σ der Verteilung des Kennwertes Y_j jeder Spalte j mit dem maximalen Quotienten aller Spalten zu gewichten. Die Sensitivitäten eines Kennwertes mit einer geringen Verteilungsbreite sind für eine ganzheitliche Applikation der Kennwerte vergleichsweise irrelevant. Daher werden diese mit der Skalierung proportional zur Verteilungsbreite reduziert. Die skalierten Totaleffekte sind Abbildung 5.8 zu entnehmen.

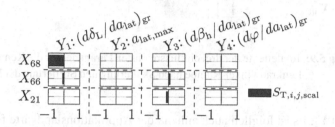

Abbildung 5.8: Totaleffekte der drei einflussreichsten Parameter für die Kennwerte der Lenkradwinkel-Rampe nach Skalierung der Einflüsse.

Es ist festzustellen, dass insbesondere der Lenkradwinkelgradient im Grenzbereich eine signifikante Verteilungsbreite aufweist. Die Beeinflussbarkeit der maximalen Querbeschleunigung und des Wankwinkelgradienten im Grenzbereich ist nach dieser Skalierung vernachlässigbar. Dies bestätigt die zuvor beobachtete Verteilungsbreite.

Nebst einer Analyse der Einflusszusammenhänge, stellt sich für eine Anwendung der Landkarte die Frage nach einer Applikationsreihenfolge. Ziel ist es, eine Sequenz der Parameter zu identifizieren, sodass eine möglichst wechselwirkungsfreie Einstellung der Kennwerte ermöglicht wird. Das bedeutet, dass nachfolgende Parametervariationen die zuvor eingestellten Kennwerte nicht signifikant beeinflussen sollten. Bei einem Beginn der Applikation in der oberen linken Ecke, sind folglich die Einflüsse der unterhalb der Hauptdiagonalen liegenden Dreiecksmatrix zu minimieren. Das Ergebnis dieser Sortierung ist in Abbildung 5.9 dargestellt.

Die grün markierten Parameter-Kennwert-Kombinationen sind von links nach rechts zu applizieren. Mit dem Parameter X_{68} ist Kennwert Y_1 einzustellen. Im Anschluss verfügt Parameter X_{21} über einen hinreichenden Einfluss auf Kennwert Y_3. Parameter X_{66} beeinflusst allerdings den Kennwerte Y_3 stärker als

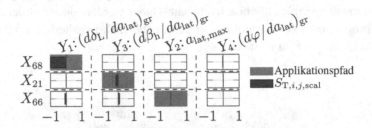

Abbildung 5.9: Totaleffekte der drei einflussreichsten Parameter für die Kennwerte der Lenkradwinkel-Rampe nach Skalierung und Sortierung der Einflüsse.

Kennwert Y_2. Es ist folglich auch anhand der Applikationslandkarte festzustellen, dass die maximale Querbeschleunigung und der Wankwinkelgradient im Grenzbereich mit einer Variation der Parameter des Allradlenksystems erwartungsgemäß nicht möglich ist. Für eine Erreichung des definierten Zielbereichs des Wankwinkelgradienten ist folglich eine weitere Fahrwerkregelfunktion notwendig.

Die vorgestellten Landkarten sind manöver- und anwendungsabhängig zu erstellen. Es können Wechselwirkungen bestimmter Parameter oder Funktionen sowie gezielt Parameter zur Einstellung ausgewählter Kennwerte identifiziert werden. Die Darstellung dient folglich sowohl als Hilfestellung für die Applikation im Fahrversuch, als auch für den Aufbau von Funktions- und Systemverständnis insbesondere von Black-Box-Modellen innerhalb des Entwicklungsprozesses. Die gezielte Anwendung zur Auslegung und Applikation von Fahrwerkregelfunktionen und -systemen innerhalb des Entwicklungsprozesses ist im Folgenden anhand von zwei Beispielen dargelegt.

6 Anwendung der Entwicklungsmethode

Dieses Kapitel zeigt zwei Anwendungsbeispiele der synthetisierten Entwicklungsmethode auf. Zunächst ist die Validierung der Methode anhand einer erneuten Auslegung eines in Serie befindlichen Fahrzeugprojektes angestrebt. Im Anschluss werden basierend auf diesem Fahrzeug fiktive Derivate generiert und die Fahrwerkregelfunktionen für diese exemplarische Fahrzeugplattform spezifiziert.

6.1 Auslegung eines Fahrzeugprojekts

Die vorgestellte Aktualisierung des Entwicklungsprozesses ist hinsichtlich der Anwendbarkeit und Effizienzsteigerung zu validieren. Dafür wird die bereits abgeschlossene Entwicklung der Fahrwerkregelfunktionen und -systeme einer Oberklasselimousine mithilfe des in Abschnitt 3.2 definierten Prozesses durchschritten. Im folgenden Abschnitt sind die Fahrzeugeigenschaftsziele definiert. Im Anschluss ist eine Funktions- und Systemkonfiguration abzuleiten, bevor die Funktionsapplikation erfolgen kann. Abschließend sind Funktions- und Systemanforderungen zu ermitteln. Es ist zu überprüfen, ob die ermittelte Applikation die Fahrzeugeigenschaftsziele erreicht und inwieweit diese von der Serienapplikation des Fahrzeuges abweicht.

6.1.1 Integration der Fahrzeugkonfigurationen und Definition der Fahrzeugeigenschaftsziele

Zunächst sind die verfügbaren Fahrzeugkonfigurationen in der Entwicklungsumgebung zu integrieren sowie die Fahrzeugeigenschaftsziele der Oberklasselimousine zu definieren. Die dafür zur Verfügung stehenden Fahrwerkregelfunktionen F_1 bis F_3 sind in Tabelle 6.1 zusammen mit den zugehörigen Systemen

© Der/die Autor(en), exklusiv lizenziert durch
Springer Fachmedien Wiesbaden GmbH, ein Teil von Springer Nature 2021
C. Braunholz, *Integration von Sensitivitätsanalysemethoden in den Entwicklungsprozess für Fahrwerkregelsysteme*, Wissenschaftliche Reihe Fahrzeugtechnik Universität Stuttgart,
https://doi.org/10.1007/978-3-658-33359-1_6

aufgeführt. Diese Zuordnung von Funktionen und Systemen ist einem Wissensmanagementsystem zu entnehmen, dessen Integration nicht Bestandteil der
Untersuchung ist. Die Technologiedaten und Modelle dieser Funktionen und
Systeme werden, wie in Abschnitt 3.4 definiert, in der Entwicklungsumgebung
zu Fahrzeugkonfigurationen integriert.

Tabelle 6.1: Auflistung der betrachteten Fahrzeugfunktionen sowie der zugehörigen
Systeme.

Funktion	Funktionsbeschreibung	Zugehörige Systeme
F_1	Dynamik-Allradlenkung (DAL)	Dynamiklenkung (DL), Hinterachslenksystem (HAL)
F_2	Dynamische Wankmomentenabstützung, Aktivfahrwerk (AF)	rad-selektive Aktivfahrwerksaktorik (AFA)
F_3	Variable Antriebsmomentenverteilung Hinterachse (AMV)	Hinterachs-Sportdifferenzial (HSD)

Im Anwendungsfall beschreibt die Funktion F_1 eine Dynamik-Allradlenkung
(DAL). Diese ermöglicht eine dynamische und situationsabhängige Steuerung
und Regelung eines überlagerten Vorderachslenkwinkels sowie eines Hinterachslenkwinkels. Die von der Funktionssoftware geforderten Lenkwinkel werden an der Vorderachse durch ein Überlagerungsgetriebe und einen Gleichstrommotor in der Lenksäule, eine Dynamiklenkung (DL), realisiert. Das
elektromechanische Hinterachslenksystem (HAL) verfügt ebenfalls über einen
Gleichstrommotor, der mithilfe eines Riementriebs die Rotationsbewegung in
eine Translation der Zahnstange überführt. Die Funktion F_2 repräsentiert die für
die Querdynamik relevanten Teilfunktionen eines Aktivfahrwerks (AF). Es ist
insbesondere die dynamische Verteilung des abzustützenden Wankmomentes
von Relevanz. Dafür sind rad-selektiv jeweils mithilfe eines elektromechani-
schen Aktors (Aktivfahrwerksaktor, AFA) Kräfte in den Aufbau des Fahrzeugs

einzuleiten. Zuletzt steht mit der Funktion F_3 eine variable Antriebsmomentenverteilung an der Hinterachse (AMV) zur Verfügung. Im zugehörigen Hinterachs-Sportdifferenzial (HSD) steuert ein Gleichstrommotor eine Hydraulikpumpe. Mithilfe dieser kann eine Lamellenkupplung auf einer Antriebsseite geschlossen werden, sodass das Getriebe dort in eine höhere Drehzahl und durch Wirkung des Differenzials auch in ein größeres Antriebsmoment gezwungen wird.

Diese Funktionen können zu Funktionskonfigurationen kombiniert werden. Die betrachteten Konfigurationen sind in Tabelle 6.2 zusammengefasst. Die Referenz aller Untersuchungen bildet die Basiskonfiguration K_0. In dieser verfügt das Fahrzeug bereits über eine Luftfederung und eine geregelte Dämpfung des Aufbaus. In den Konfigurationen K_1 bis K_3 werden zusätzlich zu der Basiskonfiguration eine dynamische Allradlenkung, ein Aktivfahrwerk oder ein geregeltes Hinterachs-Sportdifferenzial integriert. Die Konfiguration K_5 umfasst alle Fahrwerkregelfunktionen und repräsentiert das in Serie befindliche Fahrzeug, dessen Entwicklungsprozess mit den erarbeiteten Methoden erneut durchlaufen wird.

Tabelle 6.2: Definition der Fahrzeugkonfigurationen.

Konfiguration	Fahrwerkregelfunktionen und -systeme
K_0 (Referenz)	Luftfederung, geregelte Dämpfung
K_1	Luftfederung, geregelte Dämpfung, Dynamik-Allradlenkung (DAL)
K_2	Luftfederung, geregelte Dämpfung, Aktivfahrwerk (AF)
K_3	Luftfederung, geregelte Dämpfung, Antriebsmomentenverteilung Hinterachse (AMV)
K_4	Luftfederung, geregelte Dämpfung, Dynamik-Allradlenkung (DAL), Aktivfahrwerk (AF)
K_5	Luftfederung, geregelte Dämpfung, Dynamik-Allradlenkung (DAL), Aktivfahrwerk (AF), Antriebsmomentenverteilung Hinterachse (AMV)

Weiterhin wird in fünf Stufen der Applikation unterschieden. Diese Stufen sind in Tabelle 6.3 zusammengefasst. Die Entwicklungsbasis ist in Applikation A_0

repräsentiert und verfügt über unveränderte Funktions- und Systemparameter. Die Applikation A_1 fokussiert eine Einschränkung der Systemkennwerte. Es ist lediglich die minimal notwendige Systemperformanz zu spezifizieren, um eine Überdimensionierung zu vermeiden. Für diese minimale Systemperformanz ist im Anschluss die Funktion zu applizieren. In einem ersten Schritt verfolgt Applikation A_2 eine Zielerreichung der quasi-stationären Fahrzeugeigenschaftsziele. Im Anschluss ist mit Applikation A_3 das dynamische Fahrzeugverhalten in dem Zielbereich zu positionieren. Abschließend werden verbleibende Zieldiskrepanzen mit der Applikation A_4 geschlossen.

Tabelle 6.3: Definition der verwendeten Applikationsstufen.

Applikation	Beschreibung
A_0	Entwicklungsbasis mit zufälliger Veränderung der Serienapplikation
A_1	Applikation der Systemparameter mit Fokus Systemeinschränkung
A_2	Applikation der Funktionsparameter mit Fokus quasi-stationäres Fahrzeugverhalten
A_3	Applikation der Funktionsparameter mit Fokus dynamisches Fahrzeugverhalten
A_4	Applikation der Funktionsparameter mit finaler Korrektur verbleibender Zieldiskrepanzen

Im Folgenden ist nun für das ausgewählte Fahrzeug G_1 ein Zielbereich der Fahrzeugeigenschaften zu definieren. Diese Ziele sind im Anschluss über eine gezielte Auswahl der Konfiguration sowie eine Modifikation der Applikation mithilfe des definierten Prozesses zu erreichen.

Die Fahrzeugeigenschaftsziele für das Zielfahrzeug werden von denen für das Serienfahrzeug ursprünglich definierten übernommen. Diese sind für die Lenkradwinkel-Rampe sowie den Lenkradwinkel-Sweep bei jeweils 100 km/h in Relation zum Referenzfahrzeug der Konfiguration K_0 definiert. Diese Ziele (■) sind in Abbildung 6.1 zusammen mit einer Gegenüberstellung des Fahrzeugs in Konfiguration K_5 mit einer Serienapplikation (□) und der Entwicklungsbasis (⋆) dargestellt. Es sind alle in Abschnitt 2.3 eingeführten

Kennwerte mit Y_1 bis Y_{15} berücksichtigt. Die Kennwerte sind bezogen auf ebensolche des Referenzfahrzeugs $Y_{\text{ref},j}$ ($\Diamond$) aufgetragen. Das Referenzfahrzeug stellt die Basiskonfiguration des Fahrzeugs dar und verfügt über geregelte Dämpfer sowie eine Luftfederung. Die Entwicklungsbasis verfügt zum einen über eine zufällige Veränderung von Funktionsparametern. Weiterhin sind in die virtuelle Entwicklungsbasis ideale Systemmodelle integriert.

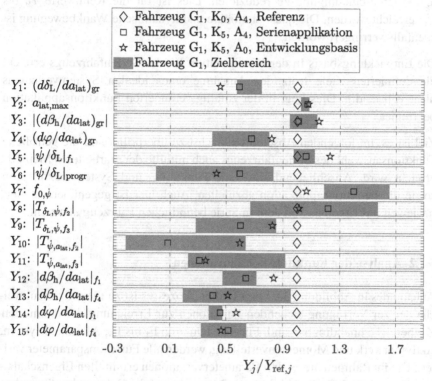

Abbildung 6.1: Definition der Fahrzeugeigenschaftsziele für die Oberklasselimousine in Gegenüberstellung mit der Referenz Konfiguration K_0 und den vollumfänglichen Konfigurationen K_5 in aktuellem Serienstand und fiktiver Entwicklungsbasis.

Das in Serie befindliche Fahrzeug erreicht für alle betrachteten Kennwerte die definierten Zielbereiche. Gegenüber des Referenzfahrzeugs ist es mit einer höheren stationären Gierverstärkung $|\dot\psi/\delta_{\text{L}}|_{f_1}$, einem auch im Grenzbereich niedrigeren Lenkradwinkelgradienten $(d\delta_\mathrm{L}/da_\mathrm{lat})_\mathrm{gr}$ sowie einer höheren maximalen Querbeschleunigung agiler und sportlicher positioniert. Dies wird auch durch eine geringere Gierprogression $|\dot\psi/\delta_\mathrm{L}|_\mathrm{progr}$ und eine Reduktion des absoluten, stationären Schwimmwinkelgradienten an der Hinterachse im Linearbereich $|\beta_\mathrm{h}/a_\mathrm{lat}|_{f_1}$ bewirkt. Weiterhin sind für eine hohe Fahrpräzision die absoluten Verzugszeiten von Lenk- und Gierbewegung sowie Gierrate und Querbeschleunigung zu reduzieren. Dies ist für die Kennwerte Y_9 bis Y_{11} erreicht worden. Die quasi-stationäre und dynamische Wankbewegung ist ebenfalls verringert worden.

Die Entwicklungsbasis in der Konfiguration K_5 des Serienfahrzeugs erreicht die definierten Ziele trotz der Annahme eines idealen Systemverhaltens nicht vollständig. Dies liegt in der zufällig veränderten Funktionsapplikation begründet.

Ziel ist es, im folgenden Abschnitt zunächst zu überprüfen, ob die getroffene Funktionsauswahl des Serienfahrzeugs auch mithilfe der erarbeiteten Methode erreicht wird. Anschließend sind eine Funktions- und Systemspezifikation sowie die Funktionsapplikation abzuleiten. Auch hier ist gegenüberzustellen, inwieweit das Ergebnis von dem in Serie befindlichen Fahrzeug abweicht.

6.1.2 Analyse der Funktionskonfigurationen

Anhand des in Abbildung 3.6 vorgestellten Prozesses ist zu identifizieren, welche der zur Verfügung stehenden Funktionen zur Erreichung der definierten Zielbereiche unabdingbar sind. Für jede Funktion F_1 bis F_3, Allradlenksystem, Aktivfahrwerk und Momentenverteilung, werden alle Funktionsparameter variiert. Die im Rahmen dieser drei Parametervariationen ermittelten Eigenschaftskennwerte sind dafür in Abbildung 6.2 bezogen auf die Referenzkonfiguration ($\Diamond$) mit dem Zielbereich (■) gegenübergestellt. Die Verteilungen der Kennwerte wird mithilfe von modifizierten Box-Whisker-Plots charakterisiert. Dabei umspannt die ausgefüllte Rechteckfläche den Bereich vom 5 % bis 95 % Perzentil. Die „Box" beinhaltet folglich 90 % der Parameter um den Median. Der Median der Verteilung ist mit einer vertikalen Linie gekennzeichnet. Das 1 %- und 99 %-Perzentil werden durch die „Whisker" dargestellt.

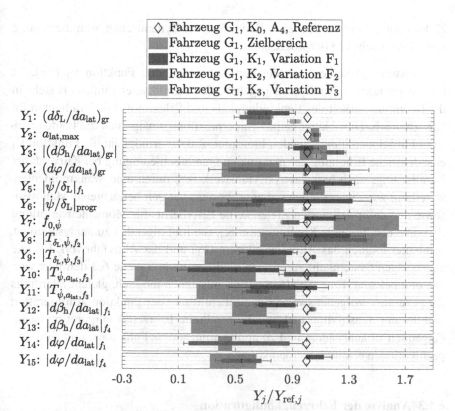

Abbildung 6.2: Analyse der Einflussbereiche der betrachteten Fahrwerkregelfunktionen (F_1: Lenksystem, F_2: Aktivfahrwerk, F_3: Antriebsmomentenverteilung) verknüpft mit den zugehörigen Systemen.

Es zeigt sich, dass die Reduktion des statischen Schwimmwinkelgradienten sowie die angestrebte Verringerung der Phasendifferenz $|T_{\delta_L,\dot\psi,f_3}|$ gegenüber des Referenzfahrzeugs lediglich unter Berücksichtigung von Funktion F_1, dem Allradlenksystem, (■) erreicht werden können. Eine Verringerung des quasi stationären Wankwinkelgradienten in den Frequenzen f_1 und f_4 bis in den Zielbereich ist ausschließlich mithilfe des Aktivfahrwerks, Funktion F_2 (■), realisierbar. Da das Lenksystem (F_1) die Gierprogression im Vergleich zum Referenzfahrzeug tendenziell erhöhen wird, ist bei Gültigkeit der Superposition die dynamische Wankmomentenverteilung des Aktivfahrwerks (F_2) zur

Zielerreichung notwendig. Eine Reduktion der dynamischen Wankbewegung beeinflusst auch die Gierprogression.

Die Notwendigkeit der Antriebsmomentenverteilung, Funktion F_3 (▬), ist im vorliegenden Beispiel nicht gegeben. Ein signifikanter Einfluss besteht in der Beeinflussbarkeit des Lenkradwinkel- und Schwimmwinkelgradienten im Grenzbereich. Hier bieten gemäß Superpositionsprinzip auch die beiden weiteren Funktionen hinreichenden Freiraum. Zuletzt ermöglicht die Funktion F_3 eine deutliche Erhöhung der maximalen Querbeschleunigung bei Kurvenfahrt. Da allerdings auch hier das Aktivfahrwerk (F_2) durch eine Wankmomentenverteilung zur Zielerreichung genügt, besteht bei den betrachteten Manövern sowie den dafür definierten Zielen keine Erfordernis für Momentenverteilung (F_3). Die resultierende Konfiguration K_4, die im Folgenden zu analysieren ist, beinhaltet folglich das Allradlenksystem (F_1) und das Aktivfahrwerk F_2. Die zugehörigen Systemkonfigurationen sind bereits in Tabelle 6.2 definiert worden und bekannt. Eine Ableitung ist grundsätzlich möglich, gleicht allerdings der gezeigten Vorgehensweise für die Ermittlung der Funktionskonfiguration mithilfe der Sensitivitätsanalyse. Die ermittelte Fahrzeugkonfiguration ist im Folgenden zu analysieren und zu applizieren, sodass Funktions- und Systemspezifikationen ermittelt werden können.

6.1.3 Analyse der Fahrzeugkonfiguration

Die ausgewählte Konfiguration ist gemäß der in Abschnitt 3.7 definierten Vorgehensweise zu untersuchen. Dafür ist zunächst die Gültigkeit der Superposition der Fahrwerkregelfunktionseinflüsse zu überprüfen. Die vorhergehende Funktionsauswahl ist basierend auf einer Parametervariation von Funktionsparametern getroffen worden. Für die Konfigurationsanalyse ist auch eine Variation von Systemparametern sowie die Ermittlung aller Parametersensitivitäten notwendig. Die Sensitivitätsanalyse erfordert im Vergleich zur vorhergehenden Parametervariation einen signifikant höheren Stichprobenumfang, um die Konvergenz der Sensitivitätsindizes sicherzustellen. Die simultane Variation beider Parametergruppen ermöglicht die Bewertung des Systempotenzials sowie die Ableitung einer Systemspezifikation. Ziel ist es, die Systeme in ihrem stationären und dynamischen Potenzial soweit einzuschränken, dass die resultierende Zielwertdiskrepanz mit der Funktionsapplikation geschlossen werden kann. Dieser Vorgehensweise liegt die vereinfachte Annahme zugrunde, dass eine größere Systemperformanz mit höheren Stückkosten korreliert.

Im Anschluss an die Systemeinschränkung kann eine bestmögliche Applikation der Funktionsparameter ermittelt werden. Erreicht das Fahrzeug mit dieser Applikation die Eigenschaftsziele nicht, gilt es die Funktionsauswahl, den Funktionsaufbau oder die Systemeinschränkung zu überprüfen. Darauffolgend ist die Applikation auf Robustheit gegenüber Fahrzeugparameterveränderungen zu überprüfen. Abschließend ist das für die ermittelte Applikation notwendige Systemverhalten zu analysieren sowie eine Spezifikation abzuleiten.

Gültigkeit der Superposition

Es ist die Diskrepanz der Summe der ermittelten singulären Funktionseinflüsse und der Einflüsse der interagierenden Funktionen zu ermitteln. Die Abbildung 6.3 stellt den superponierten Ergebnisbereich der zuvor gezeigten singulären Funktionsvariation des Allradlenksystems und des Aktivfahrwerks (F_1 und F_2, ▬) dar. Dieser Einflussbereich war die Entscheidungsgrundlage für die Funktionskonfiguration. Der Ergebnisbereich (▬) dieser ausgewählten Konfiguration resultiert aus einer kombinierten Funktionsvariation beide Funktionen und ist gegenübergestellt.

Im Fall der kombinierten Funktionsanalyse sind auch die Systemparameter variiert worden, sodass eine größere Einflussbreite zu erwarten ist. Dabei ist zu überprüfen, ob die Zielbereiche aller Kennwerte erreicht werden können. Ist dies nicht der Fall, müssen entweder die Parametergrenzen erweitert oder die Funktionsauswahl überprüft werden.

Es ist festzustellen, dass unter kombinierten Funktions- und Systemeinflüssen alle Eigenschaftsziele erreicht werden können. Die superponierten Funktionseinflussbereiche spiegeln eine gute Näherung der kombinierten Einflüsse wider. Dennoch zeigt beispielsweise der Kennwert der Giereigenfrequenz, dass der superponierte Median eine Reduktion des Referenzkennwertes vorhersagt. Der Median der kombinierten Analyse hingegen liegt oberhalb der Referenz. Dies

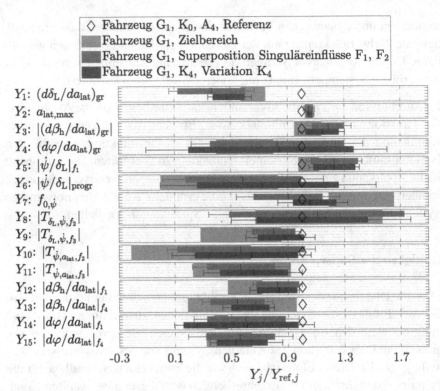

$\Diamond$ Fahrzeug G_1, K_0, A_4, Referenz
Fahrzeug G_1, Zielbereich
Fahrzeug G_1, Superposition Singuläreinflüsse F_1, F_2
Fahrzeug G_1, K_4, Variation K_4

Y_1: $(d\delta_L/da_{lat})_{gr}$
Y_2: $a_{lat,max}$
Y_3: $|(d\beta_h/da_{lat})_{gr}|$
Y_4: $(d\varphi/da_{lat})_{gr}$
Y_5: $|\dot{\psi}/\delta_L|_{f_1}$
Y_6: $|\dot{\psi}/\delta_L|_{progr}$
Y_7: $f_{0,\dot{\psi}}$
Y_8: $|T_{\delta_L,\dot{\psi},f_2}|$
Y_9: $|T_{\delta_L,\dot{\psi},f_3}|$
Y_{10}: $|T_{\dot{\psi},a_{lat},f_2}|$
Y_{11}: $|T_{\dot{\psi},a_{lat},f_3}|$
Y_{12}: $|d\beta_h/da_{lat}|_{f_1}$
Y_{13}: $|d\beta_h/da_{lat}|_{f_4}$
Y_{14}: $|d\varphi/da_{lat}|_{f_1}$
Y_{15}: $|d\varphi/da_{lat}|_{f_4}$

$$Y_j/Y_{ref,j}$$

Abbildung 6.3: Gegenüberstellung der superponierten Einflussbereiche der Funktionen F_1 und F_2 (F_1: Lenksystem, F_2: Aktivfahrwerk) mit den kombinierten Funktionseinflüssen (K_4).

liegt in der Variation der Parameter des Hinterachslenksystems sowie einer Reaktion der dynamischen Gierbewegung auf ein durch das Aktivfahrwerk reduzierte Wankverhalten begründet. Die Superposition kann folglich für die betrachteten Systeme und Manöver in guter Näherung zur Funktionsauswahl herangezogen werden. Im nächsten Schritt sind die idealen Systemabbildungen sukzessive einzuschränken, sodass eine eine Systemspezifikation abgeleitet werden kann.

Systemeinschränkung

Für die Funktionsauswahl sind ideale Systembandbreiten zugrunde gelegt worden. Die Systeme stellen folglich beliebig schnelle Anforderungen verzögerungsfrei. Dieses ideale Systemverhalten ist physikalisch nicht umsetzbar. Die Systembandbreiten sind im Folgenden durch Anpassung der Systemparameter so einzuschränken, dass eine für die berücksichtigten Manöver minimale hinreichende Performanz erreicht wird. Dafür werden die Funktions- und Systemparameter der Konfiguration in einer Sensitivitätsanalyse gemeinsam variiert. Bei hinreichender Abdeckung des Parameterraumes ist somit einer veränderten Systemdynamik eine angepasste Funktionsapplikation zugeordnet. Bei der Auswahl der bestmöglichen Parameterkombination stehen zwei verfolgte Ziele im Konflikt. Einerseits sind eine maximale Anzahl an Eigenschaftszielen noch zu erfüllen. Andererseits ist eine verringerte Systemperformanz mit geringen Stückkosten verbunden. Es ist folglich das kostenoptimale System, das gerade noch alle Eigenschaftsziele erreicht zu ermitteln.

Für eine Analyse des Zielkonfliktes ist die Systemmodellierung nachzuvollziehen. Die experimentellen Systemmodelle der Dynamik- und der Hinterachslenkung sind als PT_2-Übertragungsglied abgebildet. Das Verhalten der vier Aktivfahrwerkaktoren repräsentiert ein PT_1-Übertragungsglied hinreichend genau. Die Eigenkreisfrequenzen $f_{0,\mathrm{DL}}$, $f_{0,\mathrm{AFA}}$ und $f_{0,\mathrm{HAL}}$ sowie die Dämpfungskonstanten D_{DL} und D_{HAL} der Lenkungsaktoren werden für eine Konfiguration der Systemdynamik herangezogen. Das statische Übertragungsverhalten ist mit $K_{\mathrm{p,AFA}}$ und $K_{\mathrm{p,HAL}}$ parametrisierbar.

Zur Bewertung der beiden Ziele, ist jeweils ein Gütefunktional zu definieren. Eine Minimierung der minimalen Systemeigenschaften ist, vereinfacht, durch eine Verringerung der Summe der Eigenkreisfrequenzen der Übertragungsglieder g_X in Gl. 6.1 repräsentiert. Des Weiteren beschreibt das Gütefunktional g_Y gemäß Gl. 6.2 die Summe der bezogenen, quadratischen Abweichungen der

Eigenschaftsziele auf die jeweilige Zielgrenze $Y_{G,j}^*$. Dieses Ziel quantifiziert die Zielabweichung der Fahrzeugeigenschaften.

$$g_X = \sum_{i=1}^{M_S} X_{S,i} = f_{0,\text{AFA}}/f_{0,\text{AFA,max}} + f_{0,\text{HAL}}/f_{0,\text{HAL,max}} \qquad \text{Gl. 6.1}$$

$$g_Y = \sum_{j=1}^{n_Y} (1 - Y_{G,j}/Y_{G,j}^*)^2 \qquad \text{Gl. 6.2}$$

Für eine Ermittlung eines geeigneten Kompromisses aus Zielerreichung und Systemeinschränkung, ist die Ergebnismenge der Eigenschaftsziele mit den zugehörigen Parameterkombinationen zu vergleichen. Es findet ein genetischer Optimierungsalgorithmus Anwendung. Dieser variiert die Einschränkung der Systemparameter $f_{0,\text{AFA}}$ und $f_{0,\text{HAL}}$ und verfolgt das Ziel, die definierten Gütefunktionale zu minimieren. Dabei können die Parameter nicht frei variiert werden, sondern dürfen lediglich aus den für die Sensitivitätsanalyse erstellten Versuchsplänen gezogen werden.

Es werden 50 Generationen mit jeweils 100 Individuen analysiert. Die Individuen der letzten Generation sind in den Abbildungen 6.4 a. und 6.4 b. dargestellt. Abbildung 6.4 a. stellt die Ergebnismenge der Grenzen der bezogenen Eigenkreisfrequenzen gegenüber. Es ist erkenntlich, dass auch in der 50. Generation der Bereich einer sehr geringen und der maximalen Eigenkreisfrequenz der Hinterachslenkung vorhanden ist. Die Eigenkreisfrequenz des Aktivfahrwerkaktors variiert bis zu einer maximalen Eigenkreisfrequenz von circa 75 % des Maximalwertes.

Die zu dieser Generation gehörende Paretofront der Gütefunktionale ist Abbildung 6.4 b. zu entnehmen. Bei der Wahl eines Individuums der Generation ist wiederum zwischen Zielerreichung und Systemeinschränkung abzuwägen. Eine Gleichgewichtung der Gütefunktionale hat gezeigt, dass die verringerte Systemperformanz in aller Regel nicht durch die Funktionsapplikation ausgeglichen werden kann. Deshalb ist die Erreichung der Eigenschaftsziele 10-fach stärker gewichtet. Es wird die Kombination $0.14 \cdot f_{0,\text{AFA}}/f_{0,\text{AFA,max}}$ und $0.55 \cdot f_{0,\text{AFA}}/f_{0,\text{AFA,max}}$ ($\star$) ermittelt. Diese Parameterkombination schränkt folglich die Systeme ein, definiert mit den zugehörigen Funktionsparametern allerdings zusätzlich auch die Basis für die iterative Funktionsapplikation.

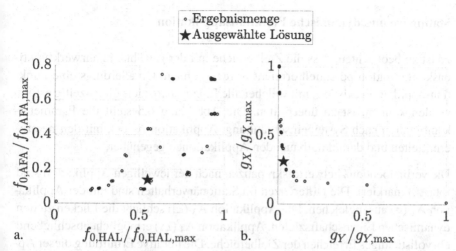

Abbildung 6.4: Ergebnismenge der bezogenen Eigenkreisfrequenzen der Aktoren des Aktivfahrwerks (AFA) und Hinterachslenksystems (HAL) nach erfolgter Optimierung (a.) und Paretofront der definierten Gütefunktionale (b.).

Im folgenden Abschnitt ist zu überprüfen, inwiefern diese initiale Funktionsapplikation im Zusammenspiel mit den eingeschränkten Systemen die Zielbereiche erreicht. Können die Zielbereiche durch die iterative Applikation nicht erreicht werden, ist die Systemeinschränkung zu verringern. Der Zusammenhang der Systemparameter und der Fahrzeugeigenschaften ist in Abbildung A1.1 des Anhangs zusammengefasst. Diese Applikationslandkarte zeigt das Potenzial einer Systemveränderung auf. Es ist zu beobachten, dass alle Eigenschaftskennwerte signifikant beeinflusst werden können. Sofern die im Folgenden durchgeführte Funktionsapplikation nicht alle Eigenschaftsziele erreichen kann, ist folglich eine Systemvariation unter Zuhilfenahme dieser Landkarte heranzuziehen.

Stationäre und dynamische Funktionsapplikation

Es ist zu beobachten, dass die Zielbereiche mit der gewählten Fahrwerkfunkti-
onskonfiguration potentiell erreicht werden können. Ob allerdings eine Funktionsapplikation existiert, mit welcher alle Eigenschaftsziele gleichzeitig erfüllt
werden können, ist zu überprüfen. Die Abbildung 6.5 stellt die Parameterkombination nach Systemeinschränkung, Applikation A_1 (∗), mit den iterativ
ermittelten und darauf aufbauenden Applikationen gegenüber.

Die verbleibenden Zielwertdiskrepanzen nach der jeweiligen Applikation sind
rot (■) markiert. Die Differenzen im Stationärverhalten sind mit der Applikation A_2 (○) auszugleichen. Die Applikation A_3 (□) schließt die Lücken zu den
dynamischen Eigenschaftszielen. Applikation A_4 (△) ermöglicht abschließend
ein vollständiges Erreichen der Zielbereiche. Die iterative Ermittlung dieser Applikationen anhand einer Applikationslandkarte ist im Folgenden beschrieben.

Die Applikation A_1 erreicht acht der 15 Fahrzeugeigenschaftszielbereiche. Der
Lenkradwinkelgradient im Grenzbereich, die stationäre Gierverstärkung, die
Gierprogression, die Giereigenfrequenz, der Schwimmwinkelgradient im Linearbereich sowie die Wankwinkelgradienten im stationären und dynamischen
Bereich liegen außerhalb der Zielgrenzen. Diese Zielwertlücken sind iterativ zu
schließen. Dafür wird die in Abschnitt 5.3 eingeführte Applikationslandkarte
ermittelt. Diese Karte stellt die Funktionsparameter X_i den Fahrzeugeigenschaften Y_j gegenüber und ist Abbildung 6.6 zu entnehmen.

Es sind die 15 berücksichtigten Eigenschaftskennwerte dargestellt. Die Totaleffekte $S_{T,i,j}$ der Parameter sind nach Einflussgröße sowie Applikationsreihenfolge sortiert. Ein positives Vorzeichen des Totaleffekts repräsentiert eine
vorzeichengleiche Kennwertänderung bei der entsprechenden Parametervariation. Vice versa deutet ein negatives Vorzeichen auf eine entgegen gerichtete
Kennwertänderung hin.

Die ermittelten Sensitivitätsindizes des Totaleffektes $S_{T,i,j}$ sind für einflussrei-
che Parameter X_i mit den einzustellenden Kennwerten Y_j gegenübergestellt.
Für eine iterative Applikation der Fahrzeugeigenschaften ist in der linken oberen
Ecke zu beginnen und entlang der grün eingefärbten Diagonalen zu applizieren.

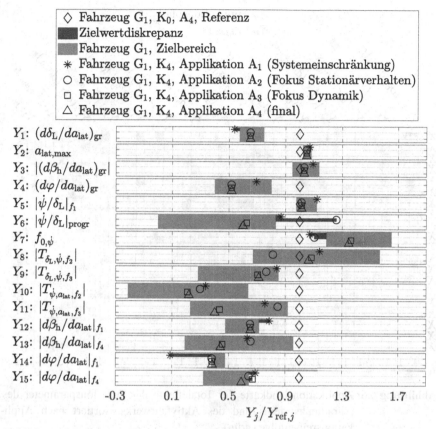

Abbildung 6.5: Gegenüberstellung der iterativ ermittelten Funktionsapplikationen A_1 bis A_4 des Allradlenksystem und Aktivfahrwerks (K_4).

Die Parameter und Kennwerte sind dabei so sortiert, dass die untere Dreiecksmatrix mit minimalen Einflüssen besetzt ist. Diese Einflüsse auf der unteren Dreiecksmatrix können entlang des Applikationspfades (■■) nicht unmittelbar ausgeglichen werden. Für den Ausgleich dieser Wechselwirkungen sind die Parameter unterhalb der oberen, quadratischen Einflussmatrix heranzuziehen. Alle Einflüsse, die oberhalb der Hauptdiagonalen liegen, können mit einem darauffolgenden Parameter ausgeglichen werden.

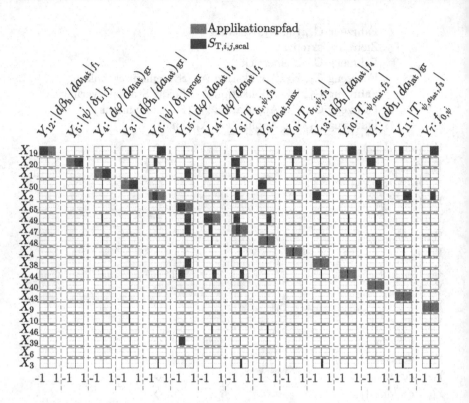

Abbildung 6.6: Applikationslandkarte der Totaleffekte der Funktionsparameter des Allradlenksystems und des Aktivfahrwerks, sortiert nach Applikationsreihenfolge (grün).

Für eine Applikation der stationären Fahrzeugeigenschaften ist zunächst der Schwimmwinkelgradient im Linearbereich mithilfe einer Erhöhung von Parameter X_{19} in den Zielbereich zu bringen. Die stationäre Gierverstärkung ist mit Parameter X_{20} einzustellen. Dieser Parameter beeinflusst ebenfalls den Lenkradwinkelgradienten im Grenzbereich. Sofern dieser den Zielbereich verlässt, ist im weiteren Verlauf durch Parameter X_{50} korrigierend einzugreifen. Die Wankdynamik ist durch Modifikation der Parameter X_1, X_{47} und X_{49} einzustellen. Nach Ausgleich aller stationären Zielwertdiskrepanzen sind die Parametermodifikationen in der bereits vorgestellten Applikation A_2 zusammengefasst.

Die dynamischen Fahrzeugeigenschaften sind entweder bereits zusammen mit dem Stationärverhalten oder im Anschluss nach der gleichen Vorgehensweise zu ermitteln. Für eine Bewertung der erarbeiteten Methode sind die ermittelten Applikationen getrennt voneinander zu analysieren und werden sequentiell ermittelt. Die Applikation A_2 weist mit einer erhöhten Gierprogression und einer zu geringen Giereigenfrequenz zwei Zielwertdiskrepanzen auf. Diese sind durch Erhöhung von Parameter X_2 und Parameter X_9 einstellbar. Trotz der vorhandenen Wechselwirkungseffekte verbleiben die weiteren Eigenschaftskennwerte im Zielbereich, sodass die Applikation A_3 alle Eigenschaftsziele erfüllt. Die gewählte Systembandbreite ist für die betrachteten Manöver folglich hinreichend.

Die iterativ ermittelte Applikation der 40 analysierten Funktionsparameter ist in Abbildung 6.7 bezogen auf die Serienapplikation der Konfiguration K_4 ($\diamond$) zusammenfassend dargestellt.

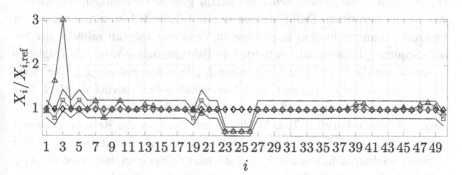

Abbildung 6.7: Funktionsparameter der Serienapplikation, der Entwicklungsbasis und der abschließenden Applikation A_4 in Gegenüberstellung

Für die fiktive Entwicklungsbasis der Konfiguration K_4 ($\boxminus$) sind sieben Parameter verändert worden. Die ermittelte Applikation A_4 ($\triangle$) stimmt in 34 der 50 Funktionsparameter mit der Serienapplikation überein. Es ist folglich eine von der Serienapplikation abweichende Funktionsapplikation ermittelt worden. Dies erklärt sich zum einen mit der veränderten Funktionskonfiguration. Die identifizierte Konfiguration K_4 verfügt im Gegensatz zu der Serienkonfiguration Konfiguration K_5 nicht über die variable Antriebsmomentenverteilung an der Hinterachse (Funktion F_3). Der fehlende Funktionseinfluss ist folglich durch die verbleibenden Funktionen auszugleichen. Insbesondere ist der nicht vorhandene positive Einfluss auf die maximale Querbeschleunigung durch eine modifizierte Wankmomentenverteilung auszugleichen. Zusätzlich ist zu berücksichtigen, dass es sich um eine nicht-singuläre Lösung handelt und verschiedene Applikationen existieren können, die alle Ziele erfüllen. Zuletzt ist zu berücksichtigen, dass sich die Parametereinflüsse überschneiden, da vorab kein minimales Parameterset ermittelt worden ist.

Im Folgenden ist zu überprüfen, inwiefern die ermittelte Funktionsapplikation auch bei einer Variation der Fahrzeugparameter ein beherrschbares Fahrverhalten erreicht und somit robust ist.

Robustheitsanalyse

Die Robustheit der ermittelten Applikation gegenüber Fahrzeugveränderungen ist zu überprüfen. Dafür werden die in Tabelle 6.4 zusammengefassten Fahrzeugparameter in dem zugeordneten Variationsintervall mithilfe der Sobol'-Sequenz gleich-verteilt variiert. Die Fahrzeugmasse m_G, die Trägheitsmomente um die Hoch- und Längsachse I_{xx} beziehungsweise I_{zz}, die Achslastverteilung $l_h/(l_v + l_h)$ und die Schwerpunktshöhe l_z berücksichtigen Ausstattungs- und Beladungseinflüsse. Weiterhin sind durch die Skalierungsfaktoren des Magic-Formula-Tyre Modells nach PACEJKA die Reifenvariationen berücksichtigt [64]. Es werden der Peak-Reibbeiwert mithilfe von $\lambda_{\mu,y}$, die Reifenschräglaufsteifigkeit mit $\lambda_{K,y,\alpha}$, die laterale Reifeneinlauflänge mit $\lambda_{\sigma,\alpha}$ und die Reifenvertikalsteifigkeit c_z variiert. Die Variation berücksichtigt die Reifeneigenschaften der für die Zielbereiche zugrunde gelegten Sommerreifen des Serienfahrzeugs.

Tabelle 6.4: Für die Robustheitsanalyse variierte Fahrzeugparameter.
*: Skalierungsfaktor Magic-Formula-Tyre Modell nach [64]

Symbol	Beschreibung	Relatives Variationsintervall
m_G	Fahrzeugmasse	$[-5\,\%, 5\,\%]$
I_{xx}	Wankträgheitsmoment	$[-5\,\%, 5\,\%]$
I_{zz}	Gierträgheitsmoment	$[-5\,\%, 5\,\%]$
$l_h/(l_v + l_h)$	Achslastverteilung, vorne	$[-5\,\%, 5\,\%]$
l_z	Schwerpunktshöhe über Fahrbahn	$[-5\,\%, 5\,\%]$
$\lambda_{\mu,y}$	Reifen-Peak-Reibwert, lateral*	$[-3\,\%, 3\,\%]$
$\lambda_{K,y,\alpha}$	Reifenschräglaufsteifigkeit*	$[-2\,\%, 2\,\%]$
$\lambda_{\sigma,\alpha}$	Reifeneinlauflänge, lateral*	$[-5\,\%, 5\,\%]$
c_z	Reifenvertikalsteifigkeit*	$[-5\,\%, 5\,\%]$

Es ist zu bewerten, inwiefern die Fahrzeugparametervariation die Fahrzeugeigenschaften beeinflussen. Dafür ist in Abbildung 6.8 der Ergebnisbereich der Fahrzeugeigenschaftskennwerte bei Variation der Fahrzeugparametern dargestellt.

Die Konfiguration K_4 mit der Applikation A_4 ($\triangle$) beschreibt die vorgestellte Neuentwicklung des Serienfahrzeugs. Die Variation der Fahrzeugparameter (■) offenbart die Robustheit der Applikation.

Zunächst ist zu beobachten, dass keine der durch Variation erzeugten Fahrzeugkonfigurationen über Fahrzeugeigenschaften verfügt, die auf ein fehlerhaftes oder unbeherrschbares Fahrverhalten schließen lassen. Die Eigenschaftskennwerte überschreiten den definierten Zielbereich des Kennwerts Y_{14} signifikant. Allerdings resultiert die Variation in stationären Wankwinkelgradienten die unterhalb der Zielgrenze liegen. Das Fahrzeug wankt folglich durch die Variation der Schwerpunktshöhe und der Fahrzeugmasse weniger als angestrebt. Da dies kein unbeherrschbare Fahrzeugreaktion hervorruft, kann die Applikation hinsichtlich des Wankverhaltens als robust eingestuft werden.

Kritischer ist der Einfluss auf die Kennwerte Y_3, Y_5, Y_6, Y_7, Y_{11} und Y_{12} zu bewerten. Wenngleich alle Zielbereiche nur geringfügig überschritten

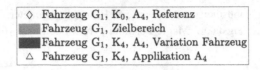

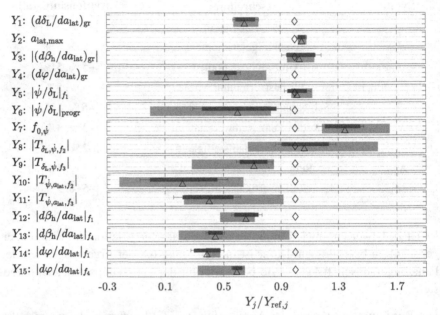

Abbildung 6.8: Ergebnisbereich der Fahrzeugeigenschaftskennwerte für das final
appliziertе Fahrzeug unter Variation der Fahrzeugparameter

werden, ist für die dynamischen Kennwerte sowie für die Eigenschaften im
Grenzbereich das Fahrzeugverhalten zu bewerten. Die definierte Grenze der
Gierprogression (Y_6) wird um 17 % überschritten. Das Fahrzeug weist folglich
in der Giereigenfrequenz eine 17 % schlechtere Gierdämpfung auf. Der dafür
verantwortliche Parameterkombination der variierten Fahrzeugparameter ist
gesondert zu untersuchen und die Auftretenswahrscheinlichkeit sowie die
Beherrschbarkeit zu bewerten.

Wenngleich insbesondere der Einfluss auf die Gierprogression zu untersuchen
ist, kann die Applikation aufgrund der insgesamt geringen Überschreitung der

Eigenschaftszielbereiche als robust eingestuft werden. Im Folgenden sind die Spezifikationen der Funktionen und Systeme abzuleiten.

Funktionsspezifikation

Nach erfolgreicher Funktionsauswahl, Systemeinschränkung und Funktionsapplikation sowie der Robustheitsanalyse, ist eine Funktions- und Systemspezifikation zu erstellen. Die Lastenhefterstellung ist in der beschriebenen Vorgehensweise simultan erfolgt. Die applizierten Funktionen und die parametrisierten Systemmodelle stellen das Lastenheft dar. Diesen Modellen sind nun lediglich die Charakteristika zu entnehmen, sodass die „Spezifikation" in die Hardwareentwicklung überführt werden kann. Sowohl auf Funktions-, als auch auf Systemebene werden im Folgenden für die Spezifikation beispielhaft die resultierenden Stellgrößen analysiert. Auf eine Formalisierung der Erkenntnisse in ein umfassendes Lastenheft oder eine Beschreibungsform für eine modellbasierte Spezifikation wird verzichtet.

Für die Funktionsebene ist im Folgenden exemplarisch der von der Dynamik-Allradlenkung geforderte quasi-stationäre und dynamische Soll-Hinterachs-lenkwinkel $\delta_{h,HAL}$ analysiert. Der in der Lenkradwinkelrampe erforderliche Winkel ist in Abbildung 6.9 über der Querbeschleunigung aufgetragen.

Der Lenkwinkel der Entwicklungsbasis ($\cdot \diamond$) bildet die Referenz und auf dessen Maximum ist normiert worden. Die finale Applikation A_4 ($\triangle$) ist unter Einfluss der Fahrzeugparametervariation dargestellt. Die Applikation fordert gegenüber der Referenz einen im Mittel einen bis zu 50 % höheren Hinterachslenkwinkel. Der maximale Lenkwinkel wird in der finalen Abstimmung bereits vor erreichen der maximalen Querbeschleunigung erreicht. Die Funktion muss folglich sowohl quantitativ, als auch qualitativ in der Lage sein diesen Lenkwinkel zu fordern. Die Möglichkeit der getrennten Applikation des Linearbereiches sowie des Sättigungsverhaltens ist vorzusehen. Zu bemerken ist der signifikante Variationsbereich des erforderlichen Stellwinkels unter Fahrzeugparametervariationseinfluss. Die Funktion sollte in diesem Bereich applizierbar sein, um auf Fahrzeugparametervariationen reagieren zu können.

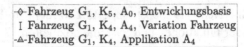

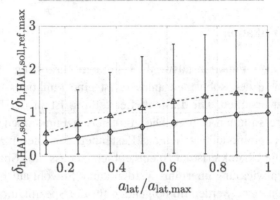

Abbildung 6.9: Soll-Hinterachslenkwinkel der finalen Applikation A_4 unter Einfluss von Fahrzeugparametervariationen in der Lenkradwinkelrampe in Gegenüberstellung mit der Entwicklungsbasis.

Die Ergebnisse der quasi-stationären Anforderung an das Aktivfahrwerk und die Vorderachsüberlagerungslenkung sind der Abbildungen A1.2 und A1.3 des Anhangs zu entnehmen.

Für die Analyse der Anforderungen an den dynamisch gestellten Hinterachslenkwinkel ist das Übertragungsverhalten des Lenkwinkels auf den Hinterachslenkwinkel zu ermitteln. Dieses ist in Abbildung 6.10 illustriert.

Die Amplitudenverhältnisse sind auf das Maximum der Entwicklungsbasis normiert. Wiederum sind die Entwicklungsbasis (·◈·) und die Applikation A_4 (-▲-) unter Fahrzeugparametervariation berücksichtigt. Die Abbildung 6.10 a. zeigt den Amplitudengang des Übertragungsverhaltens. Die Applikation A_4 hingegen zeigt neben dem erhöhten stationären Übertragungsverhalten ein signifikant späteren Amplitudenabfall sowie eine Überhöhung bei $f/f_{max} = 0{,}45$. Der unter Variation der Fahrzeugparameter benötigte Bereich ist signifikant und für die Funktionsentwicklung zu berücksichtigen.

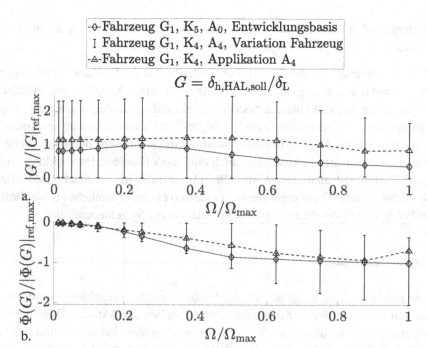

Abbildung 6.10: Amplituden- $|G|$ und Phasengang $\Phi(G)$ der Übertragungsfunktion Lenkwinkel zu Soll-Hinterachslenkwinkel im Lenkradwinkel-Sinus-Sweep. Gegenübergestellt sind Entwicklungsbasis und die ermittelte, finale Applikation A_4 unter Fahrzeugparametervariation.

Der zugehörige Phasengang ist Abbildung 6.10 b. zu entnehmen. Alle Phasenverhältnisse sind auf das Maximum des Absolutwerts der Referenzkonfiguration normiert. Die Applikation A_4 resultiert in einem im Vergleich zur Entwicklungsbasis flacheren Phasenabfall. Die Applikation A_4 erreicht das Phasenminimum bei $f/f_{max} = 0,88$. Die Betrachtung des notwendigen Bereiches bei Fahrzeugparametervariation zeigt erneut, dass ein entsprechend beachtlicher Applikationsspielraum vorzusehen ist. In Abhängigkeit der variierten Grundfahrzeugparameter, ist eine starke oder weniger starke Stabilisierung der Hinterachse vorzusehen. Unter deutlicher Variation der Reifenparameter muss folglich unter Umständen ein sehr viel höherer und schnell aufgeprägter Hinterachslenkwinkel gestellt werden, um das Fahrzeug zu stabilisieren. Für die

Vorderachsüberlagerungslenkung und das Aktivfahrwerk sind die Ergebnisse
Abbildungen A1.4 und A1.5 des Anhangs zu entnehmen.

Diese beispielhafte Analyse des Hinterachslenkwinkelbedarfs der Funktion der
Dynamik-Allradlenkung offenbart das Potenzial einer Spezifikation mithilfe
der virtuellen Entwicklungsmethoden. Die virtuell ermittelten Funktions- und
Systemkonfigurationen können nach erfolgreicher Parametrisierung umfassend
analysiert werden. Diese ermöglicht nicht nur die Ableitung charakteristischer
Diagramme, sondern insbesondere auch eine modellbasierte Entwicklung und
Spezifikation. Die analysierten Modelle können dafür in vereinfachte Modelle
überführt werden. Diese ergänzen oder ersetzen ein herkömmliches Lastenheft.
Im Folgenden findet die exemplarische Analyse der Systemebene statt.

Systemspezifikation

Eine modellbasierte Spezifikation des Systemverhaltens resultiert unmittelbar
aus den parametrisierten experimentellen Modellen der Aktoren. Diese Übertragungsglieder definieren zugleich die notwendige Systemdynamik und sollen
hier nicht weiter analysiert werden. Vielmehr soll aufgezeigt werden, bis auf
welche Entwicklungsebene der Einfluss der Fahrzeugparametervariation verfolgt werden kann.

Dafür sind im Folgenden die Auswirkungen der Robustheitsanalyse auf die Systemkennwerte analysiert. Es findet eine Betrachtung des quasi-stationären Systemverhaltens der Aktivfahrwerksaktoren und des Hinterachslenksystemaktors
auf Motorebene statt. Für beide Systeme sind das Motormoment M_{AFA} und
M_{HAL} sowie die zugehörigen Motordrehzahlen n_{AFA} und n_{HAL} in den Abbildungen 6.11 und 6.12 dargestellt.

Gegenübergestellt sind die Betriebspunkte der Entwicklungsbasis mit der Applikation A_0 (·◇·) und der finalen Applikation A_4 (-▲-). Weiterhin sind die 1 %
und 99 % Quantile (⊞) des Ergebnisbereiches der Betriebspunkte bei Fahrzeugparametervariation eingezeichnet. Letztere erlauben eine Systemspezifikation,
die auch Beladungs- und Konfigurationsanpassungen einschließt. Für jedes
Manöver sind das maximale Motormoment mit der zugehörigen Drehzahl, die

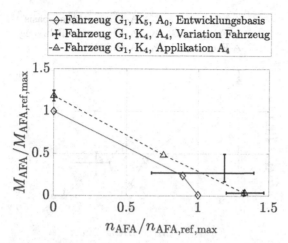

Abbildung 6.11: Betriebspunkte im Motorkennfeld der Aktoren des Aktivfahrwerkes unter Variation der Grundfahrzeugparameter.

maximale Motordrehzahl mit dem dabei erforderlichen Motormoment sowie der Punkt mit der maximalen Zeigerlänge $\sqrt{M^2 + n^2}$ bestimmt worden.

Für die Aktivfahrwerksaktoren sind das maximale Moment um 18 % und die maximale Drehzahl um 33 % gegenüber der Entwicklungsbasis erhöht worden. Das maximale Motormoment variiert dabei um ± 7 %. Die maximal notwendige Drehzahl weist eine Variation von ± 13 % auf. Die Betriebspunktmaxima nach Fahrzeugparametervariation sind für die Systemspezifikation dimensionierend.

Der Hinterachsaktor erfordert in der iterativ ermittelten Applikation A_4 ($\triangle$) gegenüber der Entwicklungsbasis eine 59 % höhere maximale Drehzahl. Das maximal benötigte Motormoment unterschreitet das in der Entwicklungsbasis geforderte um 3 %. Unter Berücksichtigung der Fahrzeugparametervariation beträgt das maximale Motormoment 108 % der Entwicklungsbasis. Die maximal erreichte Drehzahl beträgt 170 % der Entwicklungsbasis.

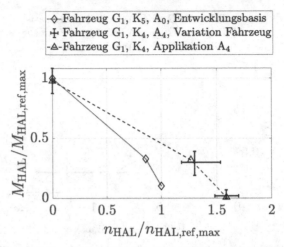

Abbildung 6.12: Betriebspunkte im Motorkennfeld des Aktors des Hinterachslenksystems unter Variation der Grundfahrzeugparameter.

6.1.4 Diskussion der Ergebnisse

Die Auslegung der Fahrwerkregelfunktionen für das in Serie befindliche Fahrzeugprojekt dient der Validierung der vorgestellten Methoden. Es zeigt sich, dass eine Funktionsauswahl strukturiert abgeleitet werden kann. Aus den zur Verfügung stehenden Funktionen wird eine Konfiguration ermittelt, die nicht dem in Serie befindlichen Fahrzeug gleicht. Die variable Antriebsmomentenverteilung wird für die eingeschränkte Manöverauswahl als nicht notwendig eingestuft. Hier ist zu beachten, dass lediglich zwei Manöver mit einem Fokus auf die Fahrzeugquerdynamik analysiert werden. Eine variable Antriebsmomentenverteilung wirkt sich allerdings insbesondere auf das Fahrverhalten in Manövern der kombinierten Fahrzeuglängs- und Fahrzeugquerdynamik, beispielsweise dem Beschleunigen aus der Kurve heraus, positiv aus.

Des Weiteren wird aufgezeigt, dass Zielwertdiskrepanzen mithilfe der Applikationslandkarten iterativ eliminiert werden können. Die Analyse und Anwendung der Applikationslandkarte zeigt, dass die Zusammenhänge zwischen Applikationsparametern und Fahrzeugeigenschaften für die zwei betrachteten Manöver transparent und auch ohne Automatisierung beherrschbar werden.

Ein Sortieren der Parametereinflüsse sowie der einzustellenden Fahrzeugeigenschaften generiert eine Applikationsreihenfolge und somit einen Arbeitsablauf. Es wird ersichtlich, dass dieser Prozess nur anwendbar ist, wenn die Parametereinflüsse über geringe Wechselwirkungen verfügen. Andernfalls ist zu mit einer Automatisierung der Vorgehensweise zu unterstützen.

In die Vorgehensweise sind weitere Manöver und Fahrzeugeigenschaften integrierbar. Dennoch ist auch hier mit der iterativen, manuellen Vorgehensweise die Beherrschbarkeit der Wechselwirkungen begrenzt und es bedarf weiterer Algorithmen zu automatisierten Unterstützung.

Zuletzt ist zu berücksichtigen, dass die Einflussgrößen mit den gewählten Parametergrenzen korrelieren. Zukünftig sind die Variationsgrenzen der Parameter empirisch zu wählen. Das ermöglicht einen Parameter mit bekanntermaßen großem Einfluss nicht mit den gleichen Grenzen zu variieren wie einen mit sehr kleinem, aber relevantem Einfluss. Dieses Wissen über die richtigen Parametergrenzen ist allerdings erst aufzubauen.

Im Folgenden ist die Anwendbarkeit des Prozesses mithilfe einer fiktiven Fahrzeugplattform zu überprüfen. Die gesteigerte Komplexität des Auslegungsproblems der Funktionen und Systeme gibt weiteren Aufschluss über das Potenzial sowie etwaige Grenzen der Methoden.

6.2 Auslegung einer Fahrzeugplattform

Die Anwendung der virtuellen Auslegungs- und Entwicklungsmethoden auf eine Fahrzeugplattform überprüft das Potenzial der Methode hinsichtlich einer Effizienzsteigerung der Entwicklung. Dafür werden im Folgenden drei Fahrzeuge definiert. Im Anschluss sind die Ergebnisse der ermittelten Konfigurationen und Spezifikationen gegenübergestellt. Es ist zu überprüfen, inwiefern die Fahrzeuge der Plattform über die gleiche Funktionskonfiguration und -applikation verfügen und inwieweit je System eine Spezifikation die Bedarfe aller vier Fahrzeuge erfüllt.

6.2.1 Definition der Fahrzeugkonfigurationen

Für den folgenden Anwendungsfall ist eine exemplarische Fahrzeugplattform im D-Fahrzeugsegment erzeugt worden. Zusätzlich zu der in Abschnitt 6.2 analysierten Oberklasselimousine (Gesamtfahrzeug G_1) werden drei weitere, virtuelle Derivate auf dieser Plattform erzeugt. Diese umfassen ein batterie-elektrisches Oberklasse Coupé (G_2), ein konventionelles Oberklasse Sports-Utility-Vehicle (SUV) (G_3) sowie eine die Fahrdynamik fokussierende Variante des Oberklasse SUV (G_4). Die Fahrzeugparameter des Grundfahrzeugs und -fahrwerks X_{i,G_k} sind in Abbildung 6.13 mit Bezug auf Fahrzeug G_1 gegenübergestellt.

Das Fahrzeug G_2 verfügt aufgrund des Antriebskonzepts über einen niedrigeren Schwerpunkt, eine neutrale Achslastverteilung, ein um 21 % höheres Gesamtgewicht sowie reduzierte Gier- und Nickträgheiten. Die Abstimmung der Aufbaufedersteifigkeiten $c_{z,v}$ und $c_{z,h}$ bleibt unverändert, sodass die resultierende Hubeigenfrequenz verringert wird. Weiterhin sind andere Reifen konfiguriert worden. Folglich erhöhen sich die linearisierten Reifenschräglaufsteifigkeiten $c_{\alpha,v}$ und $c_{\alpha,h}$ um 14 % und 36 %.

Die Fahrzeuge G_3 und G_4 verfügen zur Erhöhung der Bodenfreiheit sowie der Anpassung von Kinematik und Elastokinematik eine entsprechende Achse und eine anderen Bereifung. Die konfigurierte Steifigkeit der Luftfeder sowie die Applikation der geregelten Dämpfung werden angepasst, sodass die Fahrkomfortpositionierung erreicht werden kann. Die Fahrzeugvariante G_4 ist durch erhöhte Reifenschräglaufsteifigkeiten sportlicher positioniert.

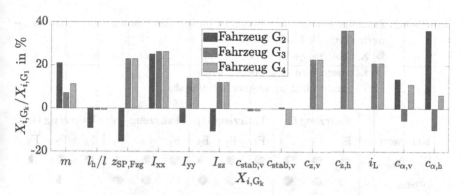

Abbildung 6.13: Gegenüberstellung ausgewählter Fahrzeugparameter der Fahrzeuge G_2 bis G_4 in Bezug auf das Referenzfahrzeug G_1.

6.2.2 Fahrzeugspezifische Analyse der Funktionskonfigurationen

Die Funktionsauswahl für das Fahrzeug G_1 ist bereits in Abschnitt 6.1 erfolgt. Für jedes weitere Fahrzeug G_2 bis G_4 ist der in Abschnitt 3.2 definierte Entwicklungsprozess zu durchschreiten.

Zunächst ist eine Funktionskonfiguration zu ermitteln. Für jedes Fahrzeug der Plattform ist dafür gemäß Abschnitt 3.5 eine Parametervariation der Funktionsparameter der Funktionen F_1 bis F_3 durchzuführen. Die einzelnen Ergebnisse sind Abbildung A2.1 bis A2.3 des Anhangs zu entnehmen. Die Zusammenfassung der Bewertung ist Tabelle 6.5 für alle Fahrzeuge der Plattform zu entnehmen. Es ist in eine signifikante Beeinflussbarkeit des Kennwertes ($\bigcirc$ bzw. $\bigcirc$) und eine gleichzeitige Zielerreichbarkeit ($\bullet$) zu unterscheiden.

Für jedes Fahrzeug ist die minimale Funktionskonfiguration bei Erhalt der Beeinflussbarkeit und Zielerreichung aller Kennwerte zu ermitteln. Die Mehrheit der Kennwerte ist über die Funktionen F_1 und F_2 einstellbar. Es ist zu überprüfen, ob beide Funktionen notwendig sind. Einschränkend sind der Schwimmwinkelgradient im Linearbereich und die Verzugszeit $T_{\delta_L, \dot\psi, f_3}$, die nur durch die Funktion F_1 einzustellen sind. Des Weiteren sind die quasi-stationären Wankwinkelgradienten in Linear- und Grenzbereich bei allen Fahrzeugen ausschließlich mithilfe des Aktivfahrwerks (F_2) erreichbar. Die Notwendigkeit

Tabelle 6.5: Zusammenfassung der Beeinflussbarkeit der Fahrzeugeigenschaftskennwerte durch die Funktionen F_1 bis F_3.
●: Kennwert signifikant beeinflussbar u. Zielbereich erreichbar,
◑: Kennwert signifikant beeinflussbar,
○: Kennwert nicht signifikant beeinflussbar

Kennwert	Fahrzeug G_1 F_1	F_2	F_3	Fahrzeug G_2 F_1	F_2	F_3	Fahrzeug G_3 F_1	F_2	F_3	Fahrzeug G_4 F_1	F_2	F_3
$(d\delta_L/da_{lat})_{gr}$	●	●	◑	●	●	◑	●	●	◑	●		◑
$a_{lat,max}$	○	●	●	○	●	●	○	●	●	○	◑	◑
$(d\beta_h/da_{lat})_{gr}$	●	●	●	●	●	●	◑	◑	◑	●	●	◑
$(d\varphi/da_{lat})_{gr}$	○	●	○	○	●	○	○	●	○	○		○
$\lvert\dot\psi/\delta_L\rvert_{f_1}$	●	●	○	●	●	○	●	●	○	●		○
$\lvert\dot\psi/\delta_L\rvert_{progr}$	●	●	○	◑	◑	○	●	●	○	●		○
$f_{0,\dot\psi}$	●	◑	○	●	●	○	●	●	○	●	◑	○
$T_{\delta_L,\dot\psi,f_2}$	●	●	○	●	●	○	●		○	●		○
$T_{\delta_L,\dot\psi,f_3}$	●	○	○	●	○	○	●	○	○	●	○	○
$T_{\dot\psi,a_{lat},f_2}$	●	◑	○	●	●	○	●	◑	○	●	◑	○
$T_{\dot\psi,a_{lat},f_3}$	●	●	○	◑	●	○	●	●	○	●		○
$\lvert\beta_h/a_{lat}\rvert_{f_1}$	●	◑	○	●	●	○	●	◑	○	●	◑	○
$\lvert\beta_h/a_{lat}\rvert_{f_4}$	●	●	○	●	●	○	●	●	○	●		○
$\lvert\varphi/a_{lat}\rvert_{f_1}$	○	●	○	○	●	○	○	●	○	○		○
$\lvert\varphi/a_{lat}\rvert_{f_4}$	◑	●	○	◑	●	○	○	●	○	●		○
Auswahl	●	●	○	●	●	○	●	●	○	●		●

der Antriebsmomentenverteilung (F_3) zeigt sich für die betrachteten Manöver lediglich in der Einstellbarkeit der maximalen Querbeschleunigung. Für die Fahrzeuge G_1 bis G_3 ist die dynamische Wankmomentenverteilung des Aktivfahrwerks (F_2) hinreichend. Die angestrebte maximale Querbeschleuni-gung des Fahrzeuges G4 ist durch keine Funktionsvariation erreicht worden. Eine Superposition der Einflussbereiche legt allerdings nahe, die Antriebsmomentenverteilung (F_3) zusätzlich zu dem Aktivfahrwerk (F_2) heranzuziehen.

Den ermittelten Funktionskonfigurationen sind im Rahmen dieser Arbeit gemäß Tabelle 6.1 unmittelbar Systeme zugeordnet. Die resultierenden Fahrzeugkonfigurationen der drei noch nicht betrachteten Fahrzeuge sind gemäß Abschnitt 3.7 analysiert worden. Die Vorgehensweise gleicht der für das Fahrzeug G_1 vorgestellten. Es sind lediglich die Ergebnisse im Folgenden gegenüberzustellen und zu diskutieren.

6.2.3 Ergebnisse der Fahrzeugkonfigurationsanalyse

Die Fahrzeuge G_2 bis G_4 werden Analog zu der im ersten Anwendungsbeispiel dargestellten Vorgehensweise analysiert. Die Ergebnisse nach iterativ ermittelter Systemparametrisierung und Funktionsapplikation sind im nächsten Abschnitt auf Fahrzeugebene dargestellt. Im weiteren Verlauf sind die Robustheit der Fahrzeugeigenschaften sowie die Ergebnisse auf Funktions- und Systemebene gegenübergestellt.

Fahrzeugebene

Die Anwendbarkeit des Prozesses der Konfigurationsanalyse auf die drei weiteren Fahrzeuge ist zu verifizieren. Erneut ist je Fahrzeug eine Sensitivitätsanalyse der einflussreichen Funktions- und Systemparameter durchzuführen. Im Anschluss erfolgt die virtuelle Applikation, beginnend mit der Systemeinschränkung. Iterativ werden darauffolgend die Funktionsapplikationen für die stationären und die dynamischen Fahrzeugeigenschaften ermittelt. Sofern in diesem Schritt nicht alle Zielbereiche erreicht werden können, inwieweit eine Systemparametrisierung eine Verbesserung der Fahreigenschaften erreichen kann. Für diese Grenze der Funktionsapplikation sei exemplarisch die Gierprogression (Y_6) des Fahrzeugs G_4 analysiert. Die erreichten Gierprogressionen bezogen auf das Referenzfahrzeug sind für die Applikationen A_3 und A_4 in Abbildung 6.14 dargestellt.

Die Applikation A_3 ($\square$) überschreitet die obere Grenze der angestrebten Gierprogression. Die Funktionsapplikation reicht folglich nicht aus, um die Zielbereiche zu erreichen. Im konkreten Fall bedarf es einer Applikation der Phase des

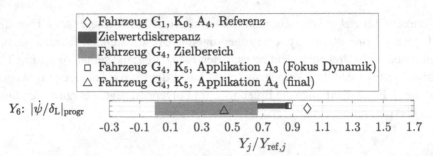

Abbildung 6.14: Gegenüberstellung der erreichten Gierprogressionen der Applikationen A_3 und A_4 für das sportliche SUV (G_4).

Hinterachslenkwinkels, sodass die Gierreaktion in der Giereigenfrequenz reduziert wird. Unter anderem ermöglicht Parameter X_2 eine Applikation dieser Phase. Sofern die Aktordynamik allerdings die Schnelligkeit des gewünschten Lenkwinkels beschränkt, kann die Gierprogression nicht weiter reduziert werden. Erst nach Erhöhung der möglichen Systemdynamik innerhalb der Applikation A_4 ($\triangle$) kann der Zielbereich für den Kennwert Y_6 eingehalten werden. Die Eigenkreisfrequenz des modellierten Übertragungsverhaltens der Hinterachslenkung ist um 87 % erhöht worden. Simultan ist die Dämpfung um 31 % vergrößert worden.

Des Weiteren limitiert die Systemdynamik der Aktivfahrwerksaktoren Erreichbarkeit der Ziele für den dynamischen Wankwinkelgradienten. Die Fahrzeuge G_1 und G_3 bedürfen dieser Erhöhung der Eigenkreisfrequenz des Übertragungsverhaltens der Aktivfahrwerksaktoren.

Die nach iterativer Funktionsapplikation und Systemparametrisierung erreichten Fahrzeugeigenschaften sind Abbildung 6.15 zu entnehmen.

Für alle vier Fahrzeuge ist die finale Applikation A_4 dargestellt. Die definierten Zielbereiche weisen eine Spreizung innerhalb der Plattform auf. Beispielsweise sind die Fahrzeuge G_2 und G_4 sportlicher positioniert. Dies zeichnet sich durch höhere Ziele für die maximale Querbeschleunigung und die Giereigenfrequenz aus. Die Zielbereiche werden von allen vier Fahrzeugen vollständig erreicht. Dennoch ist zu bemerken, dass die Fahrzeugeigenschaften nicht zentral in den Zielbereichen positioniert werden konnten. Daher ist im Folgenden eine Robustheitsanalyse dieser Zieleigenschaften durchzuführen.

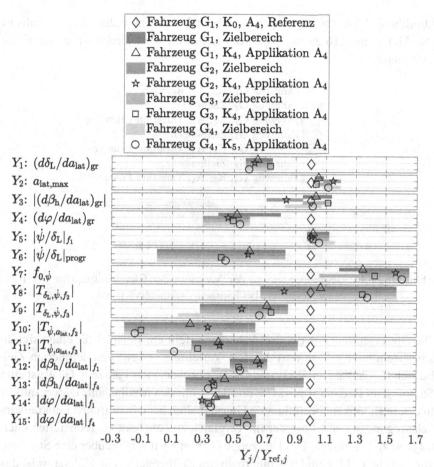

Abbildung 6.15: Zusammenfassung der final ermittelten Fahrzeugeigenschaften aller vier Fahrzeuge Fahrzeuge G_1 bis G_4. Alle Zielbereiche können erreicht werden.

Robustheitsanalyse

Analog zu der vorgestellten Vorgehensweise für das Fahrzeug G_1 sind die Fahrzeugparameter für die Fahrzeuge G_2 bis G_4 variiert worden. Erneut werden die resultierenden Kennwertverteilungen in Boxplots überführt und mit den Zielbereichen gegenübergestellt. Die vollständigen Ergebnisse sind

Abbildung A2.4 des Anhanges zu übernehmen. Im Folgenden ist anhand von Abbildung 6.16 exemplarisch der Kennwert der Giereigenfrequenz Y_7 zu analysieren.

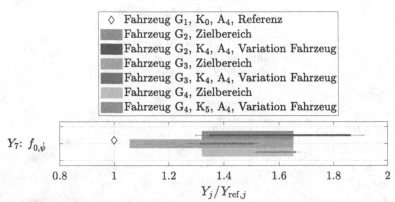

Abbildung 6.16: Gegenüberstellung der Variation der Giereigenfrequenz der Fahrzeuge G_2 bis G_4 bei Fahrzeugparametervariation.

Die Giereigenfrequenz der drei Fahrzeuge stellt ein Beispiel für einen signifikant beeinflussten Kennwert dar. Die Verteilung verlässt den definierten Zielbereich für die Fahrzeuge G_2 und G_4. Insbesondere das Fahrzeug G_2 weist eine Streuung im Bereich von -21% und 15% um den Median auf. Dies resultiert in einem signifikant beeinflussten Gierverhalten bei dynamischen Lenkradwinkelanregungen und ist mit der im Vergleich zu Fahrzeug G_1 reduzierten Gierträgheit zu begründen. Das Fahrzeuge G_3 hingegen verfügt über eine Streuung von lediglich -11% und 6% innerhalb des Zielbereiches auf. Zuletzt weist das Das Fahrzeuge G_4 eine nochmals geringere Streuung von -6% und 6% auf. Der definierte Zielbereich wird allerdings um 2% überschritten.

Unter Berücksichtigung der absoluten Kennwertvariationen aller Fahrzeugeigenschaften (vgl. Abbildung A2.4) ist die Robustheit der drei Fahrzeuge als positiv einzustufen. Die Zielbereiche werden nur in wenigen Fällen verlassen. Diese Fälle sind allerdings gesondert zu untersuchen, zu bewerten und unter Umständen neu zu applizieren. Im Rahmen der Arbeit kann die Funktionsapplikation und Systemparametrisierung als abgeschlossen eingestuft werden. Die Ergebnisse auf diesen beiden Ebenen sind im Folgenden zusammengefasst.

Funktionsebene

Auf Ebene der Fahrwerkregelfunktionen ist zu überprüfen, wie groß die Spreizung der Funktionen ausgelegt werden müssen. Dafür sind zunächst die ermittelten Applikationen A_4 der Fahrzeuge gegenüberzustellen. Die einflussreichsten zehn Parameter aller Funktionen sind bezogen auf den Parameter der Serienapplikation ($\diamond$) in Abbildung 6.17 gegenübergestellt. Die Grenze der Parametervariation (⋯) beträgt 20 % der Entwicklungsbasis und verfügt daher über keine Symmetrie zur Serienapplikation.

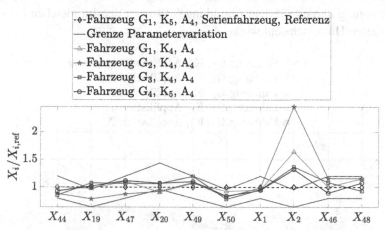

Abbildung 6.17: Vergleich der zehn einflussreichsten Applikationsparameter für die Fahrzeuge G_1 bis G_4.

Für die vier Fahrzeuge sind vier signifikant verschiedene Applikationen ermittelt worden. Lediglich der Parameter X_1 zeigt für alle Fahrzeuge übereinstimmend einen Wert nahe der Serienapplikation. Die weiteren neun der zehn betrachteten Parameter verfügen über eine deutliche Varianz. Die stärkste Varianz weist der Parameter X_2 auf. Dieser Parameter appliziert die Phase des Hinterachslenkwinkels. Das Fahrzeug G_2 ($*$) verfügt aufgrund der geringen Gierträgheit über eine veränderte Gierdynamik, sodass der Parameter X_2 auf einen Faktor von 2,5 bezogen auf die Serienapplikation parametrisiert werden muss.

Es ist festzuhalten, dass jedes der vier betrachteten Fahrzeuge über eine eigene Funktionsapplikation verfügen muss und eine Vereinheitlichung lediglich mit weiteren Analysen angestrebt werden kann.

Neben der Spreizung innerhalb der Funktionsparameter, ist der Bereich der benötigten Funktionsstellgrößen zu betrachten. Ein geeignetes Beispiel stellen die beiden Funktionen der Dynamik-Allradlenkung dar. Die resultierenden Stellgrößen sind der überlagerte Lenkradwinkel an der Vorderachse sowie der Hinterachslenkwinkel. Der in der Lenkradwinkelrampe geforderte Überlagerungslenkwinkel $\delta_{v,DL,soll}$ ist in Abbildung 6.18 bezogen auf die Querbeschleunigung dargestellt. Die Abbildung 6.19 zeigt den im gleichen Manöver geforderten Hinterachslenkwinkel $\delta_{h,HAL,soll}$.

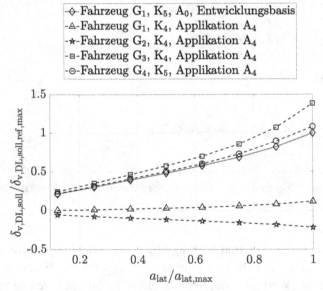

Abbildung 6.18: Soll-Überlagerungslenkwinkel der Dynamiklenkung der vier entwickelten Fahrzeuge in der Lenkradwinkelrampe.

Die Gegenüberstellung des Überlagerungslenkwinkels zeigt, dass lediglich das Fahrzeug G_2 einen reduzierten Lenkwinkel erfordert. Die weiteren Fahrzeuge

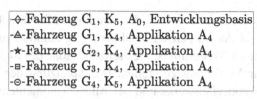

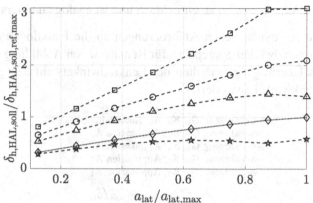

Abbildung 6.19: Soll-Hinterachslenkwinkel der vier entwickelten Fahrzeuge in der Lenkradwinkelrampe.

bedürfen eines positiven, überlagerten Winkels. Dieser verringert die Lenkübersetzung, erhöht die Direktheit und gleicht somit den Einfluss eines gleichsinnigen Hinterachslenkwinkels aus. Das Ziel ist eine für den Fahrer fühlbar unveränderte Lenkübersetzung trotz des stabilisierenden Eingriffs an der Hinterachse. Das Fahrzeug G_2 ist allerdings mit einer Mischbereifung konfiguriert worden, sodass zur Stabilisierung ein geringerer Hinterachslenkwinkel notwendig ist. Für ein Erreichen der definierten Ziele des Lenkradwinkelgradienten bzw. des Gierverstärkungsfaktors ist folglich ein negativer Überlagerungslenkwinkel notwendig.

Das gegenteilige Extremum bildet das Fahrzeug G_3 (-□-). Dieses erfordert einen maximalen Hinterachslenkwinkel, der die Entwicklungsbasis um 209 % überschreitet. Der Lenkwinkel ist im Bereich der maximalen Querbeschleunigung beschränkt worden. Im Ausgleich ermittelt die Dynamiklenkung einen notwendigen Überlagerungslenkwinkel, der 39 % oberhalb der Entwicklungsbasis liegt.

Zusammenfassend ist festzuhalten, dass die Dynamik-Allradlenkung zunächst den Freiheitsgrad der vorzeichen-unabhängigen Lenkradwinkelüberlagerung gewährleisten muss. Weiterhin ist die dreifache Höhe des Referenz-Hinterachslenkwinkels zur Verfügung zu stellen. Die Spreizung der quasi-stationären Stellgrößen des Aktivfahrwerks und der Antriebsmomentenverteilung ist den Abbildungen A2.5 und A2.6 zu entnehmen und ist analog zu untersuchen.

Die Analyse der dynamischen Anforderungen an die Funktionen erfolgt auf Basis des Lenkradwinkel-Sweeps. Dafür ist anhand von Abbildung 6.20 exemplarisch das Übertragungsverhalten des Lenkradwinkels auf den geforderten Hinterachslenkwinkel analysiert.

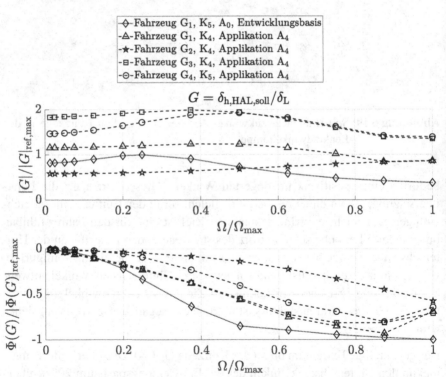

Abbildung 6.20: Amplituden- $|G|$ und Phasengang $\Phi(G)$ der Übertragungsfunktion des Lenkradwinkels δ_L auf den von der Funktion geforderten Soll-Hinterachslenkwinkel $\delta_\mathrm{h,HAL,soll}$ im Lenkradwinkel-Sweep.

Es sind der Amplituden- und Phasengang normiert auf den jeweiligen, absoluten Maximalwert der Entwicklungsbasis, dargestellt. Der qualitative Verlauf zeigt die notwendige Spreizung im betrachteten Frequenzbereich auf. Die maximal geforderte Amplitudenverstärkung liegt für das Fahrzeug G_3 (-⊟-) unterhalb von $0.4 f_{max}$. Das Fahrzeug G_2 (-✳-) hingegen erreicht erst bei der maximalen Lenkradwinkelfrequenz f_{max} das maximale Amplitudenverhältnis. Die weiteren Fahrzeuge befinden sich innerhalb dieser Extrema.

Einhergehend mit der Lage der Amplitudenüberhöhung ist eine Spreizung in den Phasengängen zu beobachten. Die Entwicklungsbasis stellt einen Hinterachslenkwinkel, der für keines der neu-entwickelten, fiktiven Fahrzeuge in hinreichender Schnelligkeit gefordert wird. Die Fahrzeuge G_1 (-△-) und G_2 (-✳-) bilden die Extrema der erforderlichen Phasengänge. Die maximale Phasendifferenz dieser beiden Fahrzeuge wird bei $0.75 f_{max}$ erreicht und beträgt 52 % der maximalen Referenzphase.

Diese Erkenntnisse der exemplarischen Funktionsanalyse sind zusammen mit den Untersuchungen weiterer Manöver in eine Funktionsspezifikation zu überführen. Die Umsetzung der betrachteten Stellgrößen erfolgt in den zugehörigen Systemen. Die dafür von den Systemen zu erfüllenden Anforderungen sind im Folgenden analysiert.

Systemebene

Die Analyse der ermittelten Systemkonfiguration gliedert sich in zwei Teilbereiche. Zunächst sind die empirischen Modelle der Systeme zu untersuchen. Dies ermöglicht eine modellbasierte Systemspezifikation mithilfe der parametrisierten Übertragungsglieder. Im Anschluss sind für das Übertragungsverhalten notwendigen Stellkräfte und Aktordrehzahlen zu bewerten.

Die Übertragungsglieder der Systeme sind anhand der ermittelten Parametrisierung vier Fahrzeuge gegenüberzustellen. Ausgewählte Parameter sind dafür in Abbildung 6.21 bezogen auf die Serienparametrisierung (-◇-) dargestellt.

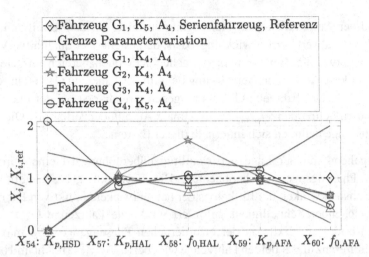

Abbildung 6.21: Gegenüberstellung ausgewählter Systemparameter für die Fahrzeuge G_1 bis G_4.

Alle Systeme sind als Übertragungsglieder modelliert. Berücksichtigung in der Gegenüberstellung finden die Proportionalverstärkungen des Hinterachs-Sportdifferenzials $K_{p,\mathrm{HSD}}$, der Hinterachslenkung $K_{p,\mathrm{HAL}}$ und der Aktivfahrwerksaktoren $K_{p,\mathrm{AFA}}$. Des Weiteren sind die Eigenkreisfrequenzen der Übertragungsglieder der Hinterachslenkung $f_{0,\mathrm{HAL}}$ und der Aktivfahrwerksaktoren $f_{0,\mathrm{AFA}}$ abgebildet. Die Grenzen der Parametervariation (····) betragen für die Proportionalfaktoren $\pm 20\,\%$. Die Eigenkreisfrequenzen werden in einem größeren, empirisch ermittelten Bereich um die Serienparametrisierung variiert.

Das Hinterachs-Sportdifferenzial ist ausschließlich in dem Serienfahrzeug und dem Fahrzeug G_4 (⊖) verbaut. Hervorzuheben ist, dass das neu entwickelte Fahrzeug eine Proportionalverstärkung $110\,\%$ über der Serienparametrisierung benötigt, um die definierten Fahrzeugeigenschaftsziele zu erreichen. Die Proportionalverstärkung resultiert in einem signifikant hohen Differenzmoment der angetriebenen Hinterachse. Diese Momentenverteilung ist zur Erreichung der angestrebten, maximalen Querbeschleunigung notwendig.

Das Modell des Aktors des Hinterachslenksystems erfordert eine Proportionalverstärkung im Bereich von $\pm 15\,\%$ der Serienparametrisierung. Die ermittelte Eigenkreisfrequenz liegt für die Fahrzeuge G_1, G_3 und G_4 im Bereich von

±15 % der Serienparametrisierung. Das Fahrzeug G_2 (☆) bedarf allerdings einer Frequenz, die die Serienparametrisierung um 73 % übersteigt. Dies gleicht den Erkenntnissen auf der Funktionsebene. Das Fahrzeug verfügt aufgrund der niedrigeren Gierträgheit über eine vergleichsweise schnell auf den Lenkwinkel folgende Gierreaktion. Für eine Optimierung dieser Gierreaktion ist ein Hinterachslenkwinkel mit geringer Phasenverzugszeit zu stellen und im System umzusetzen.

Für die Aktivfahrwerksaktoren sind Proportionalverstärkungen im Bereich von ±15 % der Referenz ermittelt worden. Das sportlich positionierte Hochbodenfahrzeug G_4 (⊖) erfordert für niedrige Wankwinkelgradienten die maximale Aktorkraft. Die erforderlichen Eigenkreisfrequenzen der Aktivfahrwerksaktoren sind aufgrund der Vernachlässigung von Fahrkomfortanforderungen 60 % bis 33 % unterhalb der Referenz positioniert.

Abschließend sind die Betriebspunkte der vier Fahrzeuge im charakteristischen Motormoment-Drehzahl-Diagramm zu analysieren. Die Extrema der Betriebspunkte der Aktivfahrwerksaktoren sind in Abbildung 6.22 abgebildet.

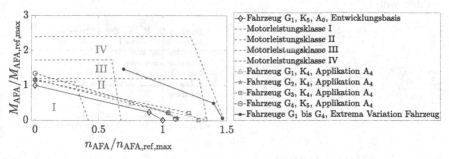

Abbildung 6.22: Betriebspunkte im Motorkennfeld der AFA Aktoren exemplarischen Gleichstrommotorleistungsklassen.

Es sind das maximale Motormoment, die maximale Drehzahl sowie der Punkt der maximalen Zeigerlänge berücksichtigt worden. Diese Punkte sind für die Entwicklungsbasis (◇) und die vier Fahrzeuge der Fahrzeugplattform dargestellt. Auslegungsrelevant sind die erreichten Betriebspunkte bei Fahrzeugparametervariation. Die Extrema dieser Betriebspunkte aller Fahrzeuge sind

ebenfalls dargestellt (·-•·). Des Weiteren sind exemplarisch die Betriebsberei-
che von bürstenlosen Gleichstrommotoren in vier Leistungsklassen eingezeichnet (--), [19]. Die Leistungsklassen sind durch das Motornennmoment sowie
die maximale Motordrehzahl gekennzeichnet. Die im Betriebsbereich variablen
Verluste sind nicht berücksichtigt.

Es ist festzustellen, dass das Fahrzeug G_4 (-⊖-) das maximale Motormoment
benötigt und das Fahrzeug G_1 (-△-) die maximale Motordrehzahl fordert. Unter
Berücksichtigung der Fahrzeugparametervariation betragen die Extrema 150 %
und 147 % der Entwicklungsbasis. Zu bemerken ist, dass bei Fahrzeugparametervariation ein maximales Motormoment im dynamischen Betriebsbereich des
Aktors bei $0.7n_{AFA,ref,max}$ ermittelt wird. Aufgrund der maximalen Drehzahl-
anforderungen ist eine Motorleistungsklasse IV erforderlich.

Die Betriebspunkte des Aktors der Hinterachslenkung sind Abbildung 6.23
zu entnehmen. Wiederum sind die Entwicklungsbasis sowie alle Fahrzeuge
der Plattform dargestellt. Die eingezeichneten Motorleistungsklassen gleichen
denjenigen, die für die Aktivfahrwerksaktoren vergleichend herangezogen
worden sind.

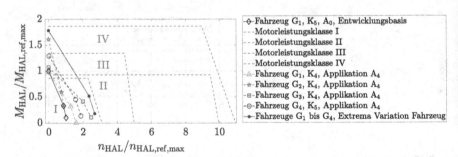

Abbildung 6.23: Betriebspunkte im Motorkennfeld des HAL Aktors in Gegenüberstellung mit exemplarischen Gleichstrommotorleistungsklassen.

Das Fahrzeug G_2 (-✶-) erfordert einen Aktor mit dem höchsten, quasi-stationär
verfügbaren Nennmoment. Die maximalen dynamischen Anforderungen sind
für das Fahrzeug G_3 (-□-) ermittelt worden. Eine Berücksichtigung der Variation der Fahrzeugkonfiguration und -beladung resultiert in einem erforderlichen
Motornennmoment in Höhe von 178 % der Entwicklungsbasis. Die maximal

notwendige Motordrehzahl beträgt 268 % der Referenz. Ein Aktor der Leistungsklasse IV ist folglich aufgrund der Anforderungen an das Nennmoment des Fahrzeuges G_2 erforderlich. Die drei weiteren Fahrzeuge befinden sich mit ihren Betriebspunktmaxima in der Leistungsklasse III. Daher ist die Diversifizierung der auf der Plattform anzubietenden Aktoren unter Berücksichtigung von finanziellen Aspekten zu prüfen.

6.2.4 Diskussion der Ergebnisse

In diesem Abschnitt sind die Fahrwerkregelfunktionen und -systeme einer fiktiven Fahrzeugplattform nach dem definierten Prozess ausgewählt, appliziert und ausschnittsweise spezifiziert worden.

Die Ergebnisse der Anwendung sind im Folgenden mit den Prozessanforderungen gegenübergestellt. Die Anforderungen sind in Tabelle 6.6 erneut aufgelistet und um den Erfüllungsgrad ergänzt.

Die vier Fahrzeuge verfügen über eine signifikante Spreizung hinsichtlich der Eigenschaften des Grundfahrzeuges. Trotzdem konnten die definierten Zielbereiche mithilfe der drei zur Verfügung stehenden Funktionen sowie den zugehörigen Systemen erreicht werden. Die Entwicklungsebenen sind mithilfe der virtuellen Entwicklungsumgebung verbunden worden ($A_{P,1}$). Die Sensitivitätsanalysemethoden ermöglichen eine strukturierte Ableitung der Funktions- und Systemkonfigurationen ($A_{P,2}$). Alle betrachteten Konfigurationen verfügen über unbekannte Wechselwirkungen und diese sind neu erfasst worden, sodass Anforderungspunkt $A_{P,3}$ erfüllt werden kann.

Es sind die Grenzen einer festgelegten Systemdynamik aufgezeigt worden. Das Wechselspiel einer iterativen Funktionsapplikation und Systemparametrisierung wird dargestellt. In diesem Prozess werden eine Basisfunktionsapplikation und die zugrundeliegenden Wechselwirkungen ermittelt. Die Anforderungspunkte $A_{P,4}$ und $A_{P,5}$ sind folglich vollständig erfüllt.

Basierend auf einer Variation von Fahrzeugparametern, ist die Varianz der Fahrzeugeigenschaften analysiert worden. Eine absolute Betrachtung der Varianz zeigt, inwieweit die Eigenschaftszielbereiche auch unter Wechselwirkungen der Konfigurationsänderungen eingehalten werden können. Alle Fahrzeuge weisen

Tabelle 6.6: Zusammenfassung des Erfüllungsgrades der in Abschnitt 3.1 definierten Prozessanforderungen.

Anf.	Beschreibung	Erfüllungsgrad
$A_{P,1}$	Verknüpfung der Entwicklungsebenen Fahrzeug, Funktion und System im Entwurfsast	●
$A_{P,2}$	Strukturierte Ableitung der Funktions- und Systemkonfiguration	●
$A_{P,3}$	Erfassung unbekannter Konfigurationen von Fahrwerkregelfunktionen und -systemen, Aufbau von Wirkkettenverständnis dieser Konfigurationen	●
$A_{P,4}$	Ermittlung einer Basis-Funktionsapplikation hinsichtlich der Fahrzeugeigenschaftsziele	●
$A_{P,5}$	Unterstützung der Funktionsapplikation im Fahrversuch, Identifikation von Wechselwirkungen	●
$A_{P,6}$	Effiziente Durchführbarkeit des virtuellen Entwicklungsprozesses innerhalb zukünftiger, verkürzter Fahrzeugentwicklungszeiträume	◑

in den beiden analysierten Manövern auch bei Fahrzeugparametervariation ein stabiles Fahrverhalten auf. Dennoch verlassen die Eigenschaftsverteilungen die Zielbereiche zum Teil. Insbesondere ist eine Transparenz für die Varianz der Fahrzeugeigenschaften unter Einfluss von Fahrzeugparametervariationen geschaffen worden.

Nach abgeschlossener Bewertung der Robustheit, wird die Analyse der Funktions- und Systemebene exemplarisch durchschritten. Die Spreizung der Funktions- und Systemparameter zeigt, dass die ermittelten Applikationen für die Fahrzeugkonfigurationen nicht vereinheitlicht werden können. Bei Bedarf sind weitere Analysen anzuschließen, inwieweit eine Vereinheitlichung zu noch vertretbaren Abstrichen im Fahrverhalten führt. Der Mehrwert des Einbezugs von Parametervariationen wird deutlich. Eine Funktions- und Systemspezifikation stellt nicht mehr nur eine Betrachtung des idealen Fahrzeugzustandes dar.

Vielmehr findet eine Beachtung des Spektrums der Fahrzeugzustände unter Berücksichtigung von Fahrwerk- oder Beladungsvariationen statt. Die Vorgehensweise offenbart des Weiteren die Charakteristika der einzelnen Fahrzeuge. Hier ist beispielsweise die veränderte Gierdynamik aufgrund der verringerten Gierträgheit sowie der ausgewählten Mischbereifung des batterie-elektrischen Fahrzeugs anzuführen. Diese Eigenschaften werden sowohl auf Funktions-, als auch auf Systemebene transparent und können für die domänenspezifische Entwicklung berücksichtigt werden. Es wird deutlich, dass diese einfachen Wechselwirkungen klar erfasst werden können. Folglich können auch nicht triviale Zusammenhänge transparent gemacht und analysiert werden.

Die gezeigten Funktions- und Systemanalysen bilden die Basis für eine (modellbasierte) Spezifikation. Das konventionelle Lastenheft wird ergänzt oder ersetzt und die Funktions- und Systementwickler beginnen mit einer verbesserten Entwicklungsbasis. Die ganzheitliche Funktions- und Systembetrachtung unter Einschluss der Fahrzeugparametervariation verringert die Unsicherheit der jeweiligen Spezifikation.

Zuletzt ist die Prozesseffizienz, die in Anforderungspunkt $A_{P,6}$ spezifiziert ist, zu reflektieren. Das iterative Wechselspiel der Funktionsapplikation und Systemparametrisierung erfolgt manuell. Die Wissensgrundlage bilden die Ergebnisse der Sensitivitätsanalyse, die insgesamt einen Simulationsumfang von mehreren Tagen aufweisen. Für klar erkenntliche Zielkonflikte erfolgt ist der iterative Prozess effizient durchzuführen. Mit steigender Komplexität wird dieser Prozess allerdings nicht effektiv einzusetzen sein und bedarf einer automatisierten Unterstützung. Die Prozesseffizienzanforderungen sind folglich nur teilweise erfüllt worden.

Nach abgeschlossener Anwendung und deren Diskussion ist im folgenden Kapitel das Gesamtergebnis der Forschungsarbeit zusammenzufassen und zu reflektieren.

7 Diskussion und Ausblick

In diesem Kapitel sind die vorgestellten Inhalte reflektiert und mit den eingangs definierten Zielen gegenübergestellt. Des Weiteren ist ein Ausblick auf entstandene und potenziell zukünftig zu untersuchende Forschungsaspekte gegeben.

7.1 Diskussion

Eine Reflexion der Prozessanwendung offenbart sowohl das bereits genutzte Potential als auch das verbleibende Potential der entwickelten Methoden. Zunächst ist festzustellen, dass die definierten Fahrzeugeigenschaftsziele mithilfe des Auslegungsprozeses erreicht werden. Weiterhin können die Funktions- und Systemanforderungen der benötigten Konfigurationen in der frühen Entwicklungsphase aus den entsprechenden Modellen abgeleitet werden. Weiterhin wird Wissen über die Wechselwirkungseffekte zwischen Fahrzeug, Regelfunktionen und Systemmodellen aufgebaut, das zu konservieren ist. Die ganzheitliche Betrachtung weist insbesondere hinsichtlich der Robustheitsanalyse Stärken auf. Parameterunsicherheiten der Fahrzeugebene können in die Bewertung der Systeme und Funktionen mit einbezogen werden. Dies ermöglicht im Entwurfsast eine Qualitätssteigerung der Spezifikation, da eine größere Anzahl an Fahrzeugkonfigurationen systematisch untersucht werden kann und somit Grenzfälle zielsicherer ermittelt werden können. Während der Integrationsphase wird durch die Analyse der Fahrzeugparametervariation die Qualität der Basisapplikation der Funktionen erhöht. Bevor die Applikationen im Fahrversuch vollendet werden, ist bereits Transparenz über die etwaigen Grenzfälle sowie die Wechselwirkungen geschaffen worden.

Offenes Potential weist die Vorgehensweise hinsichtlich der Automatisierung auf. Die manuelle Anwendung der iterativen Prozessschritte zeigt die Grenze der beherrschbaren Komplexität auf. Fortführungen der Forschung seien dazu ermutigt, die Schritte mit entsprechenden Automatisierungen zu verknüpfen. Dies ermöglicht eine weitere Steigerung der zu berücksichtigenden Anforderungen, sodass beispielsweise auch Fahrkomfortziele mit einbezogen werden können. Weiterhin ist zu bemerken, dass eine Integration des angeführten Wissensmanagementsystems ausstehend ist. Dieses vermeidet eine vollumfängliche Parametervariation und Sensitivitätsanalyse für bereits bekannte und konservierte Einflusszusammenhänge und erhöht zusätzlich die Prozesseffizienz.

Eine abschließende Gegenüberstellung der Erkenntnisse mit den in Abschnitt 1.2 definierten Zielen der Arbeit ist Tabelle 7.1 zu entnehmen.

Tabelle 7.1: Bewertung des Erfüllungsgrads der Ziele der Arbeit.

Ziel	Beschreibung	Erfüllungsgrad
Z_1	Entwurf und Umsetzung einer virtuellen Entwicklungsumgebung zur durchgängigen Unterstützung der Fahrwerkregelsystementwicklung	●
Z_2	Entwicklung einer Methode zur Analyse bestehender Funktionen und Systeme sowie der Erfassung von Wechselwirkungen.	●
Z_3	Entwicklung einer Methode zur Verknüpfung der Entwicklungsebenen in der Auslegungsphase zur strukturierten Ableitung von Funktionskonfigurationen sowie der Ermittlung von Funktions- und Systemspezifikationen.	◑
Z_4	Entwicklung einer Methode zur virtuellen Basis-Applikation der Funktionen zielgerichtet auf Fahrzeugeigenschaftsziele.	●
Z_5	Entwicklung einer Methode zur Bewertung der Robustheit der Funktionsapplikationen sowie der System- und Funktionsspezifikationen.	◕
Z_6	Zusammenfassung der entwickelten Methoden und Teilprozesse in einer Aktualisierung des Entwicklungsprozesses für Fahrwerkregelsysteme.	◕

Die vorgestellte Entwicklungsumgebung ist vollständig entwickelt, ermöglicht die durchgängige Prozessunterstützung und das zugehörige Ziel Z_1 ist erfüllt.

Die Technologiedatenbanken und ein Wissensmanagemet sind anzugliedern. Bestehende Funktionen sind als Seriensoftware integrierbar. Das Potenzial der zugehörigen Systeme ist identifizierbar, sodass Ziel Z_2 erfüllt ist. Das Ziel Z_3 strebt eine Ableitung der Funktionskonfiguration sowie die Spezifikation von Funktionen und Systemen an. Dieses Ziel ist teilweise erfüllt. Die Funktionsauswahl ist strukturiert ableitbar und die Anforderungen sind ebenfalls extrahierbar. Eine Funktions- und Systemspezifikation ist exemplarisch erfolgt. Eine vollständige Anforderungsdefinition erfordert allerdings weitere Manöver und ist ausstehend. Die zielgerichtete Applikation der Funktionen mithilfe der Applikationslandkarte ist im Entwurfs- und Integrationsast anwendbar und erfüllt das Ziel Z_4. Anschließend ist die Robustheit der ermittelten Applikationen zu überprüfen. Basierend auf der gezeigten Fahrzeugparametervariation sind die Eigenschaftsverteilungen analysiert worden. Die Robustheit ist damit qualitativ anhand der Verteilungsbreite und quantitativ gegenüber einem Vergleichsfahrzeug bewertbar. Eine Definition absoluter Variationsgrenzen und somit eine vollständige Klassifizierung der Robustheit ist ausstehend und Ziel Z_5 teilweise erfüllt. Die vorgestellten Methoden sind nach Ziel Z_6 in den Entwicklungsprozess zu integrieren. Ein Integrationsvorschlag ist aufgezeigt und angewendet worden. Die Integration und Anwendung für ein neues, nicht fiktives Fahrzeugprojekt ist allerdings ausstehend.

7.2 Ausblick

Basierend auf den zusammengefassten Ergebnissen, ist ein Handlungsbedarf für anknüpfende Forschungen abzuleiten. Zunächst ist der aktualisierte Entwicklungsprozess um ein Wissensmanagement zu erweitern. Hierfür ist sowohl virtuell als auch im Fahrversuch gewonnenes Systemverständnis zu berücksichtigen.

Hinsichtlich der vorgestellten Sensitivitätsanalysemethoden ist die Ermittlung der Parametergrenzen zu erarbeiten. Die vorgestellte Variation aller Parameter in festen relativen Grenzen offenbart einen Zielkonflikt zwischen einem möglichst großen Untersuchungsbereich und einem weiterhin stabilen Fahrzeugverhalten. Deshalb ist basierend auf bisherigen Applikationen zu ermitteln, welche

Parametergrenzen beide Ziele erfüllen. Die dafür notwendige Basis an abgeschlossenen Funktionsapplikationen ist zukünftig im Wissensmanagement zu konservieren, sodass Parametergrenzen empirisch ermittelt werden können.

Des Weiteren ist die modellbasierte Anforderungsdefinition zu erweitern. Dafür ist ein Manöverkatalog zu erarbeiten, der eine vollständige Spezifikation unter Berücksichtigung der Quer-, Längs- und Vertikaldynamik sowie von kombinierten Manövern ermöglicht. Die Ergebnisse der Manöver auf Funktions- und Systemebene sind in eine modellbasierte Spezifikation zu überführen. Inwieweit ein solches Modell automatisiert aus dem vorgestellten Prozess resultieren kann, ist zu untersuchen.

Die vorgestellte Entwicklungsumgebung bedarf der angesprochenen Optimierung der Modellrechenzeit. Weiterhin sind die Möglichkeiten der Parallelisierung in einer dezentralen Rechnerarchitektur zu analysieren. Die in das Modell integrierten Softwarefunktionen bilden die Fahrwerkskomponenten ab. Zukünftig ist eine vollständige Vernetzung aller relevanten Fahrwerkssteuergeräte mit den Steuergeräten des Antriebsstranges anzustreben. Für eine umfassende Vernetzung ist der Fahrzeugbus als Schnittstelle der Steuergeräte abzubilden. Des Weiteren ist die korrekte Rechenreihenfolge der einzelnen virtuellen Steuergeräte sicherzustellen. Eine effiziente Integration der Systemmodelle erfordert eine Zusammenarbeit mit den Systementwicklern. Hier ist eine Anbindung der domänenspezifischen internen und externen Entwicklungsabteilungen an Technologiedatenbanken anzustreben. Dafür ist die Etablierung von standardisierten Schnittstellen unabdingbar. Die Definition eines verschlüsselten Austauschstandards für Funktions-, System- und Fahrzeugmodelle ist anzustreben. Diese nächsten Schritte erlauben eine effiziente virtuelle Entwicklung unter Berücksichtigung des Gesamtfahrzeuges in allen Domänen und Entwicklungsphasen.

Literaturverzeichnis

[1] ABEL, D. ; BOLLING, A.: *Rapid Control Prototyping*. 1. Berlin Heidelberg : Springer-Verlag Berlin Heidelberg, 2006

[2] ABEL, H. ; CLAUSS, R. ; WAGNER, A. ; PROKOP, G.: Chassis Development in the Early Stage Using Analytical Target Cascading Methods. In: *25th Aachen Colloquium Automobile and Engine Technology* (2016)

[3] ABEL, H. ; CLAUSS, R. ; WAGNER, A. ; PROKOP, G.: Analytical extension of the effective axle characteristics concept for the development of a structured chassis design process. In: *Vehicle Systems Dynamics* (2017), S. 1297–1320

[4] ABEL, H. ; CLAUSS, R. ; WAGNER, A. ; PROKOP, G.: Development of an axle design process for the chassis design within the early development stage. In: *17. Internationales Stuttgarter Symposium* (2017)

[5] BENDER, K.: *Embedded Systems - qualitätsorientierte Entwicklung*. Springer-Verlag Berlin Heidelberg, 2005

[6] BORGONOVO, E.: A new uncertainty importance measure. In: *Reliability Engineering & System Safety* 92 (2007), Nr. 6, S. 771–784

[7] BORGONOVO, E. ; PLISCHKE, E.: Sensitivity analysis: A review of recent advances. In: *European Journal of Operational Research* 248 (2016), Nr. 3, S. 869–887

[8] BRAUNHOLZ, C. ; SCHARFENBAUM, I. ; KRANTZ, W. ; SCHAAF, U. ; OHLETZ, A. ; WIEDEMANN, J.: Vehicle simulation environment enabling model-based systems engineering of chassis control systems. In: BARGENDE, M. (Hrsg.) ; REUSS, H.-C. (Hrsg.) ; WIEDEMANN, J. (Hrsg.): *18. Internationales Stuttgarter Symposium*, 2018, S. 343–361

[9] BRAUNHOLZ, C. ; SCHARFENBAUM, I. ; NEUBECK, J. ; SCHAAF, U. ; WAGNER, A. ; WIEDEMANN, J.: Active Roll Stabilization Design Considering

Battery-Electric Vehicle Requirements. In: *26th Aachen Colloquium Automobile and Engine Technology* Bd. 26, 2017, S. 1459–1482

[10] BREMS, W.: *Querdynamische Eigenschaftsbewertung in einem Fahrsimulator*, Universität Stuttgart, Dissertation, 2018

[11] CAMPOLONGO, F. ; CARIBONI, J. ; SALTELLI, A.: An effective screening design for sensitivity analysis of large models. In: *Environmental Modelling and Software* 22 (2007), S. 1509–1518

[12] CAMPOLONGO, F. ; SALTELLI, A. ; CARIBONI, J.: From screening to quantitative sensitivity analysis. A unified approach. In: *Computer Physics Communications* 182 (2011), S. 978–988

[13] CUKIER, R. I. ; FORTUIN, C. M. ; SHULER, K. E. ; PETSCHEK, A. G. ; SCHAIBLY, J. H.: Study of the sensitivity of coupled reaction systems to uncertainties in rate coefficients. I Theory. In: *The Journal of Chemical Physics* 59 (1973), Nr. 8, S. 3873–3878

[14] DEISSER, Oliver ; KOPP, Gerhard ; FRIDRICH, Alexander ; NEUBECK, Jens: Development and realization of an in-wheel suspension concept with an integrated electric drive. (2018)

[15] DETTLAFF, K.: *Analytische und numerische Einflussanalyse aktiver Fahrwerksysteme*, Universität Stuttgart, Dissertation, 2019

[16] DETTLAFF, K. ; SCHAAF, U. ; SCHARFENBAUM, I. ; WAGNER, A. ; NEUBECK, J. ; WIEDEMANN, J.: A Method to Evaluate the Influence of Derating Measures of a Rear-Wheel Steering System on Vehicle Dynamics. In: *25th Aachen Colloquium Automobile and Engine Technology*, 2016

[17] DETTLAFF, K. ; SCHAAF, U. ; SCHARFENBAUM, I. ; WAGNER, A. ; WIEDEMANN, J.: The Influence of Modelling Depth of Active Chassis Systems with Respect to the Development Stage and their Interaction with Driving Characteristics. In: *6th International Munich Chassis Symposium*, 2015

[18] DETTLAFF, K. ; SCHAAF, U. ; SCHARFENBAUM, I. ; WAGNER, A. ; WIEDEMANN, J.: Characterization and Degradation of Active Chassis Systems. In: *17. Internationales Stuttgarter Symposium*, 2017

[19] DUNKERMOTOREN: *Gesamtkatalog.* online. – URL
https://www.dunkermotoren.de/fileadmin/files/downloads/
Produktkataloge/Gesamtkatalog2019.pdf. – Abruf: 2019-02-27

[20] EFRON, B. ; DiCICCIO, T.: Bootstrap Confidence Intervals. In: *Statistical Science* 11 (1996), Nr. 3, S. 189–228

[21] EFRON, Bradley ; TIBSHIRANI, R.: *An introduction to the Bootstrap.* 1. New York : Chapman & Hall, 1993

[22] EICHSTETTER, M. ; REDEKER, C. ; MÜLLER, S. ; KVASNICKA, P. ; ZIMMERMANN, M.: Solution spaces for damper design in vehicle dynamics. In: *5th International Munich Chassis Symposium,* 2014

[23] EIGNER, M. ; KOCH, W. ; MUGGEO, C.: *Modellbasierter Entwicklungsprozess cybertronischer Systeme.* Springer Vieweg, 2017

[24] EIGNER, M. ; ROUBANOV, D. ; ZAFIROV, R.: *Modellbasierte Virtuelle Produktentwicklung.* Springer Vieweg, 2014

[25] FANG, Kai-Tai ; TANG, Yu ; YIN, Jianxing: Lower bounds for wrap-around L2-discrepancy and constructions of symmetrical uniform designs. In: *Journal of Complexity* 21 (2005), Nr. 5, S. 757–771

[26] FERRETTI, Federico ; SALTELLI, Andrea ; TARANTOLA, Stefano: Trends in sensitivity analysis practice in the last decade. In: *Science of The Total Environment* 568 (2016), S. 666–670. – ISSN 0048-9697

[27] FRIDRICH, Alexander ; KRANTZ, Werner ; NEUBECK, Jens ; WIEDEMANN, Jochen: Innovative torque vectoring control concept to generate predefined lateral driving characteristics. (2018), S. 377–394

[28] FRIDRICH, Alexander G.: *Ein integriertes Fahrdynamikregelkonzept zur Unterstützung des Fahrwerkentwicklungsprozesses.* Kassel, Universität Stuttgart, Dissertation, 2020

[29] GE, Q. ; CIUFFO, B. ; MENENDEZ, M.: Combining screening and metamodel-based methods: An efficient sequential approach for the sensitivity analysis of model outputs. In: *Reliability Engineering and System Safety* 134 (2015), S. 334–344

[30] GE, Q. ; MENENDEZ, M.: An Efficient Sensitivity Analysis Approach for Computationally Expensive Microscopic Traffic Simulation Models. In: _International Journal of Transportation_ 2 (2014), S. 49–64

[31] GE, Q. ; MENENDEZ, M.: Extending Morris method for qualitative global sensitivity analysis of models with dependent inputs. In: _Reliability Engineering and System Safety_ 162 (2017), S. 28–29

[32] GÖHRLE, C.: _Methoden und Implementierung einer vorausschauenden Fahrwerksregelung für aktive und semi-aktive Federungssysteme_, Universität Stuttgart, Dissertation, 2014

[33] GRAFF, L.: _A stochastic algorithm for the identification of solution spaces in highdimensional design spaces_, TU München, Dissertation, 2013

[34] HALTON, J. H.: Algorithm 247: Radical-inverse Quasi-random Point Sequence. In: _Communications of the ACM_ 7 (1964), Dezember, Nr. 12, S. 701–702. – ISSN 0001-0782

[35] HEISSING, B. ; ERSOY, M. ; GIES, S.: _Fahrwerkhandbuch_. 4. Berlin Heidelberg : Springer-Verlag Berlin Heidelberg, 2013

[36] HERMAN, J. D. ; KOLLAT, J. B. ; REED, P. M. ; WAGENER, T.: Technical Note: Method of Morris effectively reduces the computational demands of global sensitivity analysis for distributed watershed models. In: _Hydrology and Earth System Sciences_ 17 (2013), Nr. 7, S. 2893–2903

[37] HICKERNELL, Fred J.: A Generalized Discrepancy and Quadrature Error Bound. In: _Mathematics of Computation_ 67 (1998), Nr. 221, S. 299–322

[38] HSIEH, N.-H. ; REISFELD, B. ; BOIS, F. Y. ; CHIU, W. A.: Applying a Global Sensitivity Analysis Workflow to Improve the Computational Efficiencies in Physiologically-Based Pharmacokinetic Modeling. In: _Frontiers in PHarmacology_ (2018)

[39] INTERNATIONAL STANDARD: Road vehicles - Lateral transient response test methods - Open-loop test methods, ISO-Norm 7401:2011(E). 2011. – Forschungsbericht

[40] INTERNATIONAL STANDARD: Passenger cars - Steady-state circular driving behaviour - Open-loop test methods, ISO-Norm 4138:2012(E). 2012. – Forschungsbericht

[41] INTERNATIONAL STANDARD: Passenger cars — Test track for a severe lane-change manoeuvre — Part 1: Double lane-change, ISO 3888-1:1999. 2012. – Forschungsbericht

[42] ISERMANN, R.: *Fahrdynamik-Regelung*. 1. Wiesbaden : Vieweg & Sohn, 2006

[43] ISERMANN, R.: *Mechatronische Systeme*. 2. Berlin Heidelberg : Springer-Verlag Berlin Heidelberg, 2008

[44] JABLONOWSKI, C. ; SCHIMMEL, C. ; UNDERBERG, V.: The chassis of the all-new AUDI A8. In: *8th International Munich Chassis Symposium*, 2017

[45] JANSEN, M.: Analysis of variance designs for model output. In: *Computer Physics Communications* 117 (1999), S. 35–43

[46] KIM, H. M. ; RIDEOUT, D. G. ; PAPALAMBROS, P. Y.: Analytical Target Cascading in Automotive Vehicle Design. In: *Journal of Mechanical Design* 125 (2003), S. 481–489

[47] KOCH, G. P. A.: *Adaptive Control of Mechatronic Vehicle Suspension Systems*, TU München, Dissertation, 2011

[48] KODA, M. ; McRAE, G. J. ; SEINFELD, J. H.: Automatic Sensitivity Analysis of Kinetic Mechanismus. In: *International Journal of Chemical Kinetics* 11 (1979), S. 427–444

[49] KRANTZ, W.: An Advanced Approach for Predicting and Assessing the Driver's Response to Natural Crosswind. In: *Schriftenreihe des Instituts für Verbrennungsmotoren und Kraftfahrwesen der Universtität Stuttgart* 61 (2012)

[50] KVASNICKA, P. ; PROKOP, G. ; DÖRLE, M. ; RETTINGER, A. ; STAHL, H.: Durchgängige Simulationsumgebung zur Entwicklung und Absicherung von Fahrdynamischen Regelsystemen. In: *VDI-Berichte*, 2006, S. 387–403

[51] KVASNICKA, P. ; SCHMIDT, H.: Concept layout for spring/damper set up of a prototype regarding vehicle dynamics and ride comfort. In: *1st International Munich Chassis Symposium*, 2010

[52] LIU, H. ; CHEN, W. ; SUDJIANTO, A.: Relative Entropy Based Method for Probabilistic Sensitivity Analysis in Engineering Design. In: *Journal of Mechanical Design* 128 (2006), S. 326–336

[53] MÄDER, D.: *Simulationsbasierte Grundauslegung der Fahrzeug-Querdynamik unter Berücksichtigung von Erfahrungswissen in der Fahrdynamikentwicklung*, Technische Universität Kaiserslautern, Dissertation, 2012

[54] MAULICK, T. ; BOISDEQUIN, G. ; WEERD, M. van de: Porsche vehicle dynamics development - Virtual approval of car model derivatives in collaboration with road testing. In: *15. Internationales Stuttgarter Symposium, Proceedings*, 2015

[55] MCKAY, M. D. ; BECKMAN, R. J. ; CONOVER, W. J.: A Comparison of Three Methods for Selecting Values of Input Variables in the Analysis of Output from a Computer Code. In: *Technometrics* 21 (1979), Nr. 2, S. 239–245

[56] MEISSNER, T. C.: *Verbesserung der Fahrzeugquerdynamik durch variable Antriebsmomentenverteilung*, RWTH Aachen, Dissertation, 2008

[57] MIHAILESCU, A.: *Effiziente Umsetzung von Querdynamik-Zieleigenschaften durch Fahrdynamikregelsysteme*, RWTH Aachen, Dissertation, 2016

[58] MITSCHKE, M.: Das Einspurmodell von Riekert-Schunck. In: *ATZ* 11 (2005), S. 1030–1031

[59] MITSCHKE, M. ; WALLENTOWITZ, H.: *Dynamik der Kraftfahrzeuge*. 5. Wiesbaden : Springer-Verlag Berlin Heidelberg, 2014

[60] MORRIS, M. D.: Factorial Sampling Plans for Preliminary Computational Experiments. In: *Technometrics* 33 (1991), Nr. 2, S. 161–174

[61] NATTERMANN, R. ; ANDERL, R.: The W-Model - Using Systems Engineering for Adaptronics. In: *Conference on Systems Engineering (CSER13)* 16 (2013), S. 937–946

[62] (NI), Normenausschuss I.: Sinnbilder und ihre Anwendung / DIN Deutsches Intitut für Normung e.V. 1983. – Forschungsbericht

[63] OBERMÜLLER, A.: *Modellbasierte Fahrzustandsschätzung zur Ansteuerung einer aktiven Hinterachskinematik.* München, Technische Universität München, Dissertation, September 2012

[64] PACEJKA, H. B. ; BESSELINK, I.: *Tire and Vehicle Dynamics.* 3. Butterworth-Heinemann, 2012

[65] PELLEGRINI, E.: *Model-Based Damper Control for Semi-Active Suspension Systems*, TU München, Dissertation, 2012

[66] PFEFFER, P.E. ; HARRER, M. ; JOHNSTON, D.N.: Interaction of vehicle and steering system regarding on-centre handling. In: *Vehicle System Dynamics* 46 (2008), Nr. 5, S. 413–428

[67] PIANOSI, Francesca ; SARRAZIN, Fanny ; WAGENER, Thorsten: A Matlab toolbox for Global Sensitivity Analysis. In: *Environmental Modelling & Software* 70 (2015), S. 80–85

[68] PIANOSI, Francesca ; WAGENER, Thorsten: A simple and efficient method for global sensitivity analysis based on cumulative distribution functions. In: *Environmental Modelling & Software* 67 (2015), S. 1–11

[69] PLISCHKE, E. ; BORGONOVO, E. ; SMITH, C. L.: Global sensitvity measures from given data. In: *European Journal of Operational Research* (2013), S. 536–550

[70] RUANO, M. V. ; RIBES, J. ; SECO, A. ; FERRER, J.: An improved sampling strategy based on trajectory design for application of the Morris method to systems with many input factors. In: *Environmental Modelling & Software* 37 (2012), S. 103–109. – ISSN 1364-8152

[71] SALTELLI, A.: Global Sensitivity Analysis: An Introduction. In: *Proc. 4th International Conference on Sensitivity Analysis of Model Output (SAMO)* (2004), S. 27–43

[72] SALTELLI, A. ; ANNONI, P. ; AZZINI, I. ; CAMPOLONGO, F. ; RATTO, M. ; TARANTOLA, S.: Variance based sensitivity analysis of model output. Design and estimator for the total sensitivity index. In: *Computer Physics Communications* 181 (2010), S. 259–270

[73] SALTELLI, A. ; RATTO, M. ; ANDRES, T. ; CAMPOLONGO, F. ; CARIBONI, J. ; GATELLI, D. ; SAISANA, M. ; TARANTOLA, S.: *Global Sensitivity Analysis. The Primer*. 1. Chichester, England : John Wiley & Sons Ltd, 2008

[74] SALTELLI, A. ; SOBOL', I. M.: About the use of rank transformation in sensitivity analysis of model output. In: *Reliability Engineering & System Safety* 50 (1995), Nr. 3, S. 225–239

[75] SALTELLI, A. ; TARANTOLA, S. ; CHAN, K.-S.: A quantitative model-independent method for global sensitivity analysis of model output. In: *Technometrics* 41 (1999), Nr. 1, S. 39–56

[76] SARRAZIN, F. ; PIANOSI, F. ; WAGENER, T.: Global Sensitivity Analysis of environmental models: Convergence and validation. In: *Environmental Modelling & Software* 79 (2016), S. 135–152. – ISSN 1364-8152

[77] SCHARFENBAUM, I.: *Funktionale Grundauslegung von Fahrwerkregelsystemen in der frühen Entwicklungsphase*, TU Dresden, Dissertation, 2016

[78] SCHRAMM, D. ; HILLER, M. ; BARDINI, R.: *Modellbildung und Simulation der Dynamik von Kraftfahrzeugen*. Springer-Verlag Berlin Heidelberg, 2010

[79] SIEBERTZ, K. ; BEBBER, D. van ; HOCHKIRCHEN, T.: *Statistische Versuchsplanung*. 1. Berlin Heidelberg : Springer-Verlag Berlin Heidelberg, 2010

[80] SOBOL', I. M.: On the systematic search in a hypercube. In: *SIAM Journal on Numerical Analysis* 7 (1967), S. 784–802

[81] SOBOL', I. M.: The distribution of points in a cube and the accurate evaluation of integrals (in Russian). In: *Zh. Vychisl. Mat. i Mat. Phys.* 16 (1979), S. 790–793

[82] SOBOL', I. M.: Sensitivity Estimates for Nonlinear Mathematical Models. In: *Mathematical Modelling and Computational Experiments* 1 (1993), S. 407–414

[83] STUDER, R. ; BENJAMINS, V. R. ; FENSEL, D.: Knowledge Engineering: Principles and methods. In: *Data & Knowledge Engineering* 25 (1998), S. 161–197

[84] SYSTEMS ENGINEERING (INCOSE), Technical O. International Council on: *Systems Engineering Vision 2020*. September 2007

[85] THEL, M.: *Wissensstrukturierung und -repräsentation im Produktentwicklungsprozess*, TU Darmstadt, Dissertation, 2007

[86] TSCHIRNER, C.: *Framework for Integrating Model-Based Systems Engineering into Product Engineering Processes*, University of Paderborn, Dissertation, 2016

[87] UNBEHAUEN, Heinz: *Regelungstechnik I - Klassische Verfahren zur Analyse und Synthese linearer kontinuierlicher Regelsysteme, Fuzzy-Regelsysteme*. Vieweg & Sohn, 2007

[88] UNGER, A. F.: *Serientaugliche quadratisch optimale Regelung für semiaktive Pkw-Fahrwerke*, TU München, Dissertation, 2012

[89] VANROLLEGHEM, P. ; MANNINA, G. ; COSENZA, A. ; NEUMANN, M.: Global sensitivity analysis for urban water quality modelling: Terminology, convergence and comparison of different methods. In: *Journal of Hydrology* 522 (2015), S. 339–352

[90] VDE/VDI AUSSCHUSS ENTWICKLUNGSMETHODIK: Entwicklungsmethodik für Geräte mit Steuerung durch Mikroelektronik, VDI-2422 / VDE/VDI-Gesellschaft Mikroelektronik, Mikrosystem- und Feinwerktechnik . 1994. – Forschungsbericht

[91] VDI FACHBEREICH FABRIKPLANUNG UND -BETRIEB: Modellierung und Simulation - Modellbildungsprozess, VDI 4465 Blatt 1 / VDI-Gesellschaft Produktion und Logistik (GPL). 2016. – Forschungsbericht

[92] VDI-Fachbereich Fabrikplanung und -betrieb: Simulation of systems in materials handling, logistics and production - Terms and definitions, VDI 3633 / VDI-Gesellschaft Produktion und Logistik. 2018. – Forschungsbericht

[93] VDI-Fachbereich Produktentwicklung und Mechatronik: Methodik zum Entwickeln und Konstruieren technischer Systeme und Produkte VDI 2221 / VDI-Gesellschaft Produkt- und Prozessgestaltung. 1986. – Forschungsbericht

[94] VDI-Fachbereich Produktentwicklung und Mechatronik: Design methodology for mechatronic systems VDI2206:2004-6 / VDI-Gesellschaft Produkt- und Prozessgestaltung. 2004. – Forschungsbericht

[95] Wagner, A.: Potentials of virtual chassis development. In: *14. Internationales Stuttgarter Symposium, Proceedings*, 2014

[96] Wagner, A.: Automotive game-changers and their challenges from a chassis perspective. In: *16. Internationales Stuttgarter Symposium, Proceedings*, 2016

[97] Wagner, A. ; Putten, S. van: Audi chassis development - Attribute based component design. In: *17. Internationales Stuttgarter Symposium, Proceedings*, 2017

[98] Welch, P. D.: The Use of Fast Fourier Transform for the Estimation of Power Spectra: A Method Based on Time Averageing Over Short, Modified Periodograms. In: *IEEE Transactions on Audio and Electroacoustics* AU-15 (1967), Nr. 2, S. 70–74

[99] Zadeh, F. K. ; Nossent, Jiri ; Sarrazin, Fanny ; Pianosi, Francesca ; Griensven, Ann van ; Wagener, Thorsten ; Bauwens, Willy: Comparison of variance-based and moment-independent global sensitivity analysis approaches by application to the SWAT model. In: *Environmental Modelling & Software* 91 (2017), S. 210–222. – ISSN 1364-8152

[100] Zare, A. ; Michels, K. ; Rath-Maia, L.: On the design of actuators and control systems in early development stages. In: *8th International Munich Chassis Symposium*, 2017

[101] ZIMMERMANN, M. ; KÖNIGS, S. ; NIEMEYER, C.: On the desgn of large systems subject to uncertainty. In: *Journal of Engineering Design* 24 (2017), Nr. 4, S. 233–254

Anhang

A1. Anhang zu Kap. 6.1

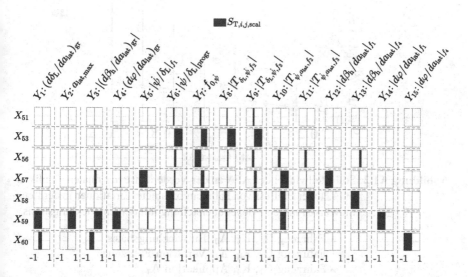

Abbildung A1.1: Applikationslandkarte der relevanten Systemparameter des Allradlenksystems und des Aktivfahrwerks. Diese Parameter sind heranzuziehen, sofern eine Funktionsapplikation nicht alle Ziele erreichen
kann.

© Der/die Herausgeber bzw. der/die Autor(en), exklusiv lizenziert durch
Springer Fachmedien Wiesbaden GmbH, ein Teil von Springer Nature 2021
C. Braunholz, *Integration von Sensitivitätsanalysemethoden in den Entwicklungsprozess
für Fahrwerkregelsysteme*, Wissenschaftliche Reihe Fahrzeugtechnik Universität Stuttgart,
https://doi.org/10.1007/978-3-658-33359-1

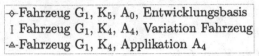

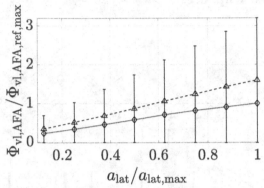

Abbildung A1.2: Soll-Stellwinkel der AFA an der Vorderachse der finalen Applikation A_4 unter Einfluss von Fahrzeugparametervariationen in der Lenkradwinkelrampe in Gegenüberstellung mit der Entwicklungsbasis.

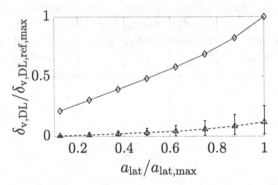

Abbildung A1.3: Soll-Überlagerungslenkwinkel an der Vorderachse der finalen Applikation A_4 unter Einfluss von Fahrzeugparametervariationen in der Lenkradwinkelrampe in Gegenüberstellung mit der Entwicklungsbasis.

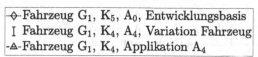

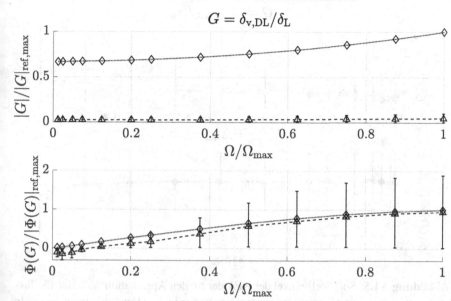

Abbildung A1.4: Soll-Überlagerungslenkwinkel an der Vorderachse der finalen Applikation A_4 unter Einfluss von Fahrzeugparametervariationen in dem Lenkradwinkel-Sweep in Gegenüberstellung mit der Entwicklungsbasis.

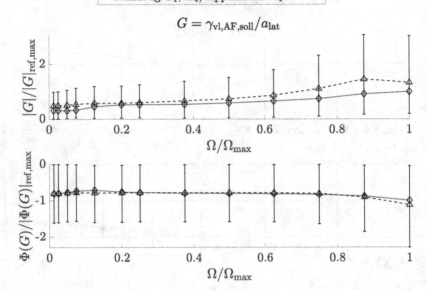

Abbildung A1.5: Soll-Stellwinkel der AFA der finalen Applikation A_4 unter Einfluss von Fahrzeugparametervariationen in dem Lenkradwinkel-Sweep in Gegenüberstellung mit der Entwicklungsbasis.

A2. Anhang zu Kap. 6.2

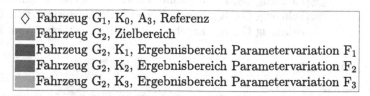

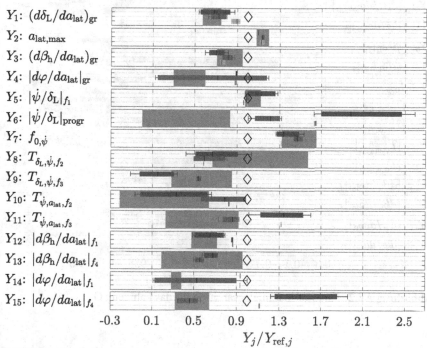

Abbildung A2.1: Funktionsparametervariation für das Fahrzeug G_2.

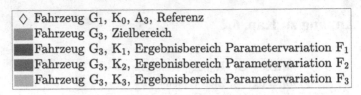

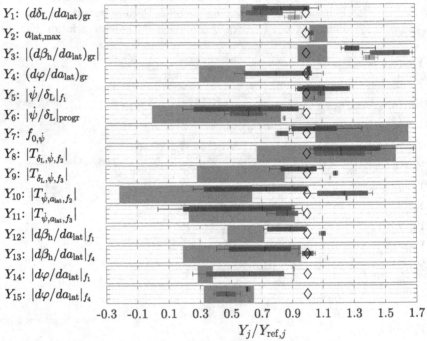

Abbildung A2.2: Funktionsparametervariation für das Fahrzeug G_3.

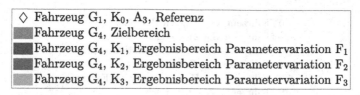

Y_1: $(d\delta_{\mathrm{L}}/da_{\mathrm{lat}})_{\mathrm{gr}}$

Y_2: $a_{\mathrm{lat,max}}$

Y_3: $|(d\beta_{\mathrm{h}}/da_{\mathrm{lat}})_{\mathrm{gr}}|$

Y_4: $(d\varphi/da_{\mathrm{lat}})_{\mathrm{gr}}$

Y_5: $|\dot{\psi}/\delta_{\mathrm{L}}|_{f_1}$

Y_6: $|\dot{\psi}/\delta_{\mathrm{L}}|_{\mathrm{progr}}$

Y_7: $f_{0,\dot{\psi}}$

Y_8: $|T_{\delta_{\mathrm{L}},\dot{\psi},f_2}|$

Y_9: $|T_{\delta_{\mathrm{L}},\dot{\psi},f_3}|$

Y_{10}: $|T_{\dot{\psi},a_{\mathrm{lat}},f_2}|$

Y_{11}: $|T_{\dot{\psi},a_{\mathrm{lat}},f_3}|$

Y_{12}: $|d\beta_{\mathrm{h}}/da_{\mathrm{lat}}|_{f_1}$

Y_{13}: $|d\beta_{\mathrm{h}}/da_{\mathrm{lat}}|_{f_4}$

Y_{14}: $|d\varphi/da_{\mathrm{lat}}|_{f_1}$

Y_{15}: $|d\varphi/da_{\mathrm{lat}}|_{f_4}$

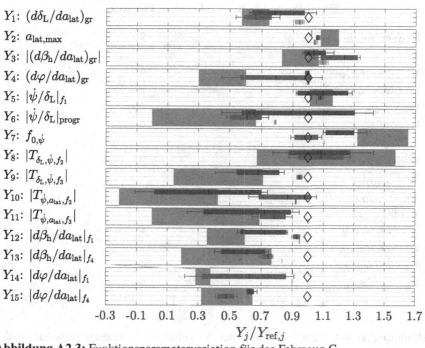

Abbildung A2.3: Funktionsparametervariation für das Fahrzeug G_4.

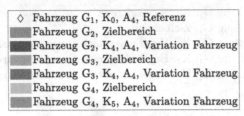

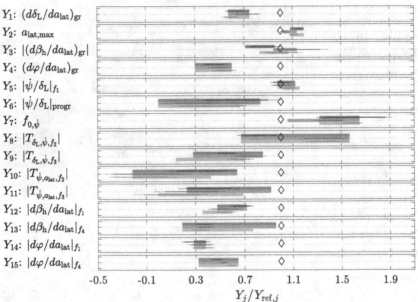

Abbildung A2.4: Gegenüberstellung der Variation der Fahrzeugeigenschaften der Fahrzeuge G_2 bis G_4 bei Fahrzeugparametervariation.

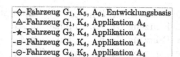

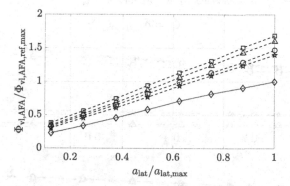

Abbildung A2.5: Gegenüberstellung der erforderlichen Stellwinkel des Aktivfahrwerks aller vier Fahrzeuge in der Lenkradwinkelrampe.

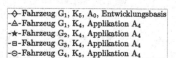

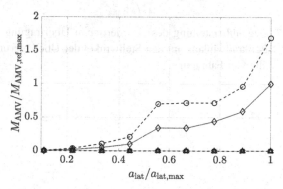

Abbildung A2.6: Gegenüberstellung des erforderlichen Stellmomentes der Antriebsmomentenverteilung aller vier Fahrzeuge in der Lenkradwinkelrampe.

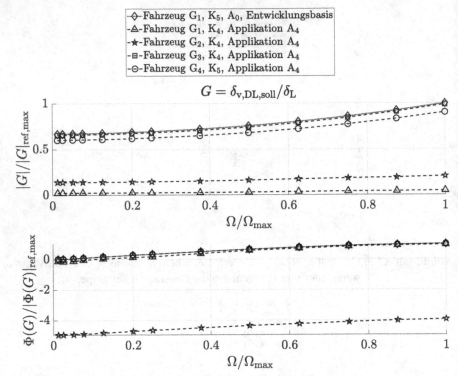

Abbildung A2.7: Gegenüberstellung des erforderlichen Übertragungsverhaltens des Lenkradwinkels auf den Stellwinkel der Überlagerungslenkung für alle vier Fahrzeuge.

Printed in the United States
By Bookmasters